世界で一番美しい　樹皮図鑑

世界で一番美しい
樹皮図鑑
ÉCORCES

セドリック・ポレ［著］
Cédric Pollet

國府方吾郎［監修］
Goro Kokubugata

南條郁子［訳］
Ikuko Nanjo

創元社

はじめに 情熱の由来

ぼくは1976年にフランスのニースで生まれた。このあたりはゆたかな緑に柔らかい光がふりそそぐ、昔から芸術家に愛されてきた自然の美しい地域だ。ぼくの母は地中海地方の出身で、父はサヴォアの山岳地方の出身。おかげでぼくは小さい頃から樹木の世界になれ親しんでいた。ニースにはオリーブや、カサマツや、ユーカリなどの外来植物が植えられ、サヴォアにはカラマツや、ハリモミや、ブナや、カバが自生していた。だから植物にたいする本物の愛はぼくの心の奥深くに錨をおろしていたのだけれど、それが命の根源と結ばれた深い事実であることを自覚したのは、リヨンのローヌ・アルプス農業高等研究所で農業技師の課程を修めていた頃だった。

1999年、ぼくはイギリスのレディング大学園芸景観学科に入学した。フィルムカメラをはじめて使ったのはこのときだ。イギリス庭園をこよなく愛する一介のアマチュア写真家として、のどかな光景を思いえがきながら、何時間もかけてある公園まで行った。ところが園内でどんなに美しい花をみても、なぜか心に本当の感動はわいてこなかった。でも手ぶらで帰るわけにもいかない。そのときだ。出口付近の神々しいナラの古木の傷んだ幹を見て、ぼくの目はそれまでまったく知らなかった世界へと開かれた。樹皮の世界。まさに啓示だった。このときを境に、ぼくの人生の方向は決定的に変わったのだ。

それから数か月後、コートダジュールに帰ったぼくは、街路で、公園で、庭園で、木々にあらためて目をとめるようになった。生まれ育った町なのに、はじめて訪れるような気持ちだった。それまではブーゲンビリアや、サルスベリや、キョウチクトウのあかるい花々に注意を奪われていたのに、目を向ける方向がすっかり変わってしまった。たとえばプラタナス。あんなに平凡で、見慣れて、今では単なる町の動産になってしまったこの木も、ぼくにとっては尽きぬインスピレーションの泉となった。あるときは棚田、あるときは高地の湖の上空飛行と、樹皮をもとめてぼくはあちこちを旅してまわった。かつては、土着の木（プラタナス、イチゴノキ、オリーブ、ポプラ、マツなど）が、遠い国からやって来た木（ユーカリ、ナンヨウスギ、カヤプテ、バナナ、ヤシなど）にくらべて見劣りするような気がしていたのだが、そんなふうには思わなくなった。それでもやはり外国の木はその土地の風景のなかで見たい。そんな思いがしだいにふくらみ、ぼくの旅心をくすぐった。

樹皮に対して突然湧き起こったこのいわく言いがたい情熱は、数年後にとうとうぼくの職業に結びついた。だが当時はそんなことは夢にも思わず、ただ父の52歳の誕生日を祝うために、ぼくは樹皮の写真ばかりを集めた『渦』というタイトルの写真集をつくった。これがある美術専門家の目にとまり、ぼくはその人からこの道で頑張ってみるよう励まされた。それから学生最後の年をアンジェの国立園芸研究所の景観科で送り、研究発表をすませたその翌日、ぼくはカメラを手に、龍の国・中国と日出づる国・日本へと飛び立った。

⇐はじめて写真に撮ったユーカリ。1999年撮影。ニース（フランス）

〈前頁〉カメレレ（*Eucalyptus deglupta*）の幹。
フェアチャイルド熱帯植物園。コーラルゲイブルス。フロリダ（アメリカ合衆国）

オレンジ色の幹をもつデザートローズ（*Adenium Socotranum*）の巨木。ソコトラ（イエメン）

アジアから帰ったときは、新しい写真集を1ダースも作ろうかという気になっていた。それから何ヶ月かたった2001年1月、ニースの学生支援センターからはじめて写真の成果を発表する機会をもらった。それ以来、ぼくの写真を気に入ってくれる人たちが増えたおかげで、樹皮の写真展をこれまで50回以上、フランス国内（ニース、リオン、パリなど）をはじめ、オーストラリア、アメリカ合衆国、ドイツなどでひらくことができた。

2002年、ぼくはフランス財団と元スポーツ青年省から資金援助をうけ、マオリ族の神木、ニューカレドニアのおとぎ話のようなナンヨウスギ、オーストラリアの荘厳なユーカリ、南アフリカの伝説の木バオバブをもとめて、半年間の旅に出た。このとき撮った木々の写真を他の多くの写真とあわせて、木のそばでぼくが味わった強烈な感動を、みなさんと分かち合いたいという思いでつくったのがこの本である。

本書について

　本書は何よりもまず木に捧げる心からの敬意のあらわれだ。ぼくの心のなかにはひとつの夢がある。これまでたびたび思い知らされてきたある現実を逆転させたいのだ。その現実とは、人々の関心は植物にたいするより動物にたいするほうが強いということ。動物は刺激に反応してすばやく動く。それにくらべると植物は受け身にみえる。だが植物もそれなりのリズムで変化しているのだ。確かにゆっくりとではある。季節のリズムだからだ。そこでこちらも瞑想的になり、がまん強くならなければ、微妙な変化はみわけられない。おそらく多くの親が、子どもを連れて植物園に行ってただ木を眺めるよりは、動物園に行くほうが良いと思うのではないだろうか。さいわい、一年のきまった時期になると、葉は美しい秋の色にそまり、花々は一斉に咲いて庭をあかるく彩り、果実は舌を喜ばせてくれる。こうして植物はほんの一瞬、ぼくたちの注意を惹きつけるのだ。では樹皮の出番はどこにあるのだろう。一見地味なので、見捨てられているのではないだろうか。樹皮についての本は数えるほどしかない。そのくせ樹皮はぼくたちの身のまわりにあふれ（シナモン、コルク、ゴムひも、お香、薬、チューインガム、繊維、顔料）、文字通りありきたりな存在となっている。ぼくは何とかしてこの大きな不公平を正したかった。そのためには本書をつうじて読者のみなさんに自由に心を遊ばせてもらい、樹皮の世界がどんなに魅力的で意外性にみちているかに気づいてもらうことが大事だと思った。

　そのような感激をひきおこすにはどうすればよいだろうか。木を独特の──絵心も遊び心もあるような──角度からとらえて、驚きと感動を味わってもらうこと。それがぼくのたどりついた答

数十年にわたるヨロイスギ（*Araucaria araucana*）の樹皮の変化。キュー植物園（イギリス）

本書について　007

イチゴノキ（*Arbutus x thuretiana*）の樹皮の一年間の変化。テュレ荘植物園。アンティーブ（フランス）

だった。樹皮にはかぎりない美しさが秘められている。そのすべてを一冊の本に閉じこめるなど無理な話というものだ。

樹皮は、時々刻々変化している複雑な構造器官だ。樹皮の内側は生きた細胞でできている。それらが形成する師管を下降する樹液が流れ、葉から他のすべての器官へと養分を運んでいく。一方、外側の層は死んだ細胞でできている。この樹皮が木を外界の攻撃から守っているのだ。本書で"樹皮"とか"木の皮"というとき、「皮」とはこの外側の皮をさしている。一方、「樹」や「木」というときは、本来の意味での木（木本）だけでなく、大型の草（草本）――ヤシ、タケ、木生シダなど――も含んでいることを了解してほしい（本当は木本と草本とでは皮の構造が異なっている）。

樹皮のなかには、木の種類によって、その木が生きている間ずっと幹にはりついたままのものもある。そのような樹皮は、木の生長にともなって内部から張り出してくる力をうけ、皺が寄り、ひびが入り、割れていく（前頁下のヨロイスギ*Araucaria araucana*の写真をみてほしい）。一方、樹皮が毎年、板状、ぼろ布状、紙状の不規則な形の断片となって、偶然にまかせてはがれ落ちるものも多い。これは被写体としては一番おもしろいが、モデルに適した木をみつけるのは一番難しい。まず、同じ種の木を何十本も観察して、枝ぶりや樹齢の異なるもののなかから最も写真うつりのよい木を探しだす。たとえば「蛇皮紋カエデ」とよばれるカエデの樹皮の特徴的な紋様を撮ろうと思ったら、若い木を探さなければならないし、反対にケヤキはある程度年を経た木でなければくっきりした紋様は見られない。つぎに大事なのは、幹の変化を定期的に注意深く見まもりながら、樹皮がはがれ落ちる時期を見きわめることだ。このとき樹皮はふだんとは最も違う色になり、それが見る間に変わっていく。この時期の写真を撮るのがときに難しいのはこのためだ。このことを見事に示す例として、テュレ荘庭園（フランス）のすばらしいイチゴノキ*Arbutus x thuretiana*の写真（上）をみてほしい。夏が近づくと、この独特な木のきめの細かいすべすべした皮は、わずか数週間のあいだに、赤みを帯びたオレンジ色から青りんご色に変わり、それがみるみる黄色がかった緑に変わったかと思うと、今度はサーモンピンクの色調を帯びてくる。

本書にのっている樹皮の写真は幹の細部を撮ったものだが、細部といっても裸眼で十分見える

ユーカリの実験植林地。エステレル山（フランス）

大きさで（原寸大で9cm×13cm以上）、色彩の操作は一切していない。目的はあくまでも自然の自然な色を尊重することにあるからだ。81種の木の写真を選ぶのはとても難しかった。地球上にはおよそ10万種の樹木があるといわれる。ぼくは森や公園や植物園の最も美しい樹皮を追いかけて、この10年間で25ヵ国をたずね歩き、約450種の植物のすばらしい樹皮の写真を1万5000枚近く撮りためた。そのなかから本書に載せるものを選ぶにあたっては、純粋に美的な観点を最優先した（グラフィックな美しさ、シルエットの美しさ、色の多様さ）。つぎに考慮したのはその木が独特な特徴をもっているか、興味を惹くか、めずらしいか、なかなか行けない場所にあるか、また人間の役に立つかという観点だった。それから、属や科の同じ植物でも樹皮がどれだけ多彩であるかを見てもらうため、広葉樹のユーカリから針葉樹のマツまで、なるべく変化に富む植物をえらび、10の特集にまとめた。もちろんすべてを尽くしたとはいいがたい。けれども本書は樹皮のさまざまな質感と、美しい虹に優るとも劣らない自然の色のパレットを提供できたのではないかとおもう。ここには約220種の木と樹皮の写真が、全部で400枚以上おさめられている。写真は大陸ごとに分類されている。その基準は植物の原産地であり、写真の説明に記された撮影場所ではない。学名はすべて最新の分類にしたがっている（とくに植物の科名）。だからカエデがムクロジ科に分類され、バオバブとカポックがアオイ科に分類されているのを見てもおどろかないでほしい。解説文は純粋に植物学的な説明を目的としたものではない。樹皮は特徴がはっきりしているので、木の写真とくみあわせれば、属や種はたいていわかってしまうからだ。そのかわり読者のみなさんに楽しんでいただくために、誰にでもわかる民族植物学的な情報や雑学的な話題を盛りこんだ。

このような本を世に出すことの目的は、単にぼくを木に結びつけている特別な情熱を伝えるだけではなく、ぼくたちをとりまいている環境がいかに多様で、そのくせいかに脆いかを大勢の人々に感じとってもらうことにある。すばらしいものに浸ることはどんな言葉もおよばない魔法の力をもち、そこから尊敬の気持ちが育まれるというのがぼくの持論だ。本書の写真が、美術を愛する人々と自然を愛する人々の両方を惹きつけることを願ってやまない。前者は純粋に芸術的な側面を重んじてくれるだろう。後者は植物を見わけるのに便利な基準を見いだし、ある種の植物にかんする知識をより深めてくれるだろう。

ほんの少しの興味と想像力があれば、心を羽ばたかせて奥深い木の世界へと忘れえぬ旅に出るのは簡単なことである。どうか目を大きく見ひらき、ゆっくりと時間をかけて眺めてほしい。木々は喜んであなたにその秘密を教えてくれるはずだ。

樹皮の写真の順番は架空の世界旅行の経路にしたがい、
ヨーロッパを出たあと、
木々の原産地をたずねてすべての大陸をめぐり歩く。

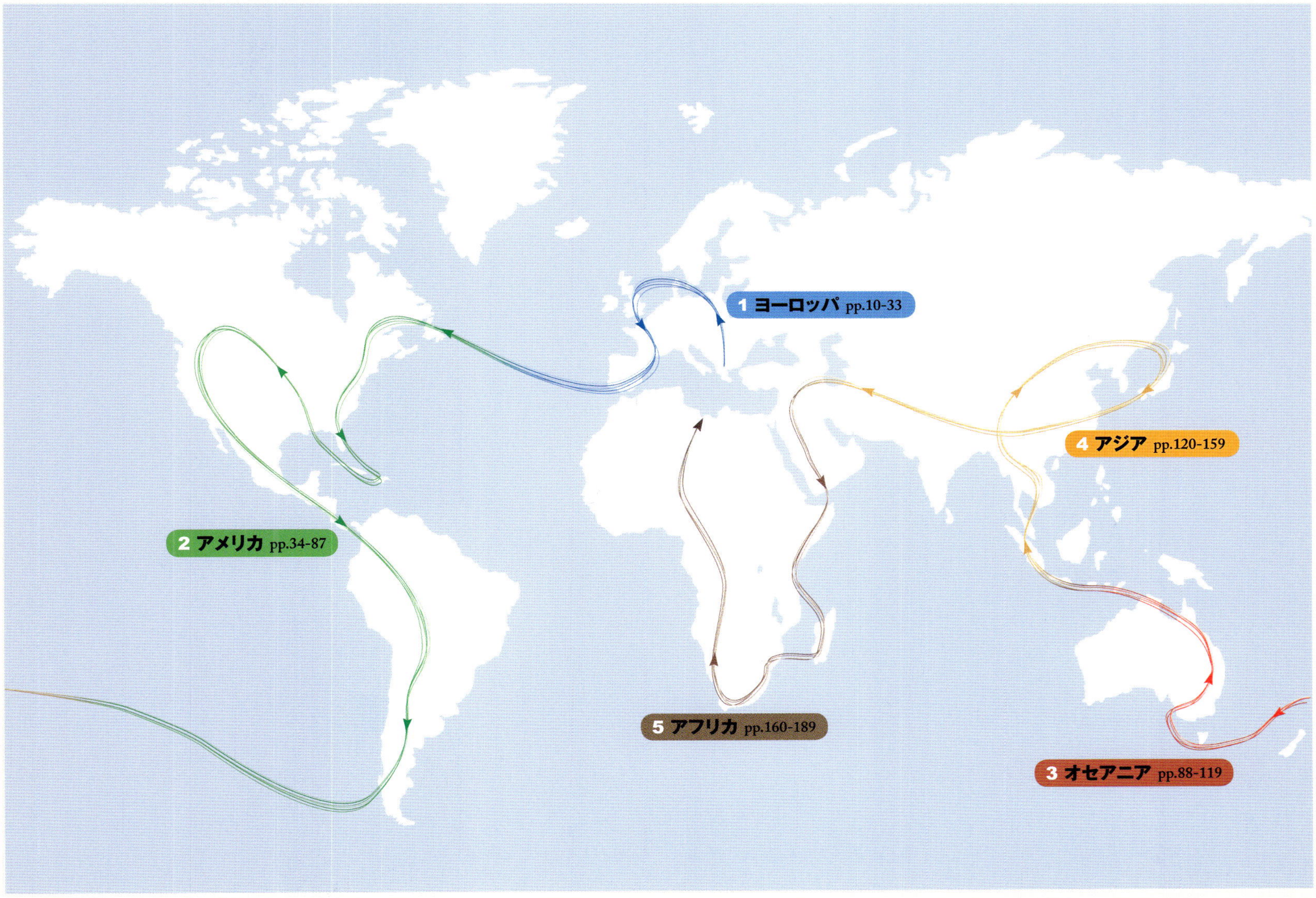

● 表紙に使用している樹皮
山桜 ヤマザクラ［バラ科：Rosaceae　学名：*Cerasus jamasakura*］
秋田県・角館の伝統工芸品「樺細工」で使われている天然の桜皮。
独特の光沢と奥深い色合いが魅力だ。

EUROPE
ヨーロッパ

Platanus x *acerifolia*
（和名モミジバスズカケノキ）
南フランスの私邸の庭にある
みごとなプラタナス。
ラマノン（フランス）

［カバノキ科 Betulaceae］
ヨーロッパシラカバ^{（仏疣のある樺）}
Betula pendula

ヨーロッパシラカバは裸地に最初に定着する先駆種で、ヨーロッパの大部分から小アジアや西シベリアにまでおよぶ広大な地域に分布している。この木をみわけるのは簡単で、幹の下の方のひび割れた厚い樹皮をみればすぐにわかる。フランス語で「疣のある樺」といわれるのは、枝が白っぽい疣におおわれているからで、種小名のペンドゥラ（「垂れ下がる」の意）は、枝がしだれるからだ。この木は古代から崇拝され、北欧の民俗にふかく根ざした多彩な用途をもっている。たとえば樹皮は書くため（紙）、住むため（屋根葺き材）、照らすため（たいまつ）、着るため（靴、帯）につかわれ、飢饉のときには食物としても役立ってきた。木部はすぐれた燃料で、陶工やパン屋に好まれた。樹液は春に集められ、「シラカバ水」とよばれてリウマチや、尿疾患や、皮膚病の治療につかわれる。

〈凡例〉
和名の横にある（別）は和名の別称、（仏）はフランス名を翻訳したもの。

⇨ *Betula pendula*
キュー植物園。リッチモンド（イギリス）

⇧ *Platanus* x *acerifolia* 私邸の庭。プロヴァンス（フランス）

[スズカケノキ科 Platanaceae]
プラタナス（別 カエデバスズカケノキ）
Platanus x *acerifolia*

プラタナスの歴史は、ヨーロッパ人が大挙して海外遠征にでかけた17世紀にはじまった。最近の遺伝子研究によると、当時、北米大陸東海岸から持ち帰られた西方プラタナス（*Platanus occidentalis*. 和名アメリカプラタナス）と、ギリシアからヒマラヤの支脈にかけて分布する東方プラタナス（*Platanus orientalis*）が自然交配してこの木が生まれたのだという。このプラタナスは生みの親より丈夫で、18世紀のフランスで大量に植栽された。とくに運河沿いが多かったが、これは護岸のためと、涼しい木陰をつくって水分の蒸発を減らすためである。ナポレオン3世の時代には我が世の春を謳歌し、フランス中の街路と町の広場をふちどった。残念なことに、今では都市の環境悪化のため衰弱し、病気にかかりやすくなっている。とくに癌腫病ではすでに数万本が犠牲になった。

⇧⇨ *Platanus* x *acerifolia*
剥落の前と後。ニース（フランス）

[イチイ科 Taxaceae]
ヨーロッパイチイ
Taxus baccata

ヨーロッパイチイはヨーロッパ全土に分布しているが、かつては絶滅しそうになったことがある。とくに中世は危機的だった。イチイ材はしなやかで耐久性があり、赤味をおびた美しい木目をもつことで知られていたので、弓（当時の戦略兵器）をつくるために軍隊がイチイを乱伐したのだ。他方、この木は危険な植物としても有名だった。猛毒のタキシン（taxine）が、種子を包む赤い仮種皮［いわゆるイチイの実］以外のすべての部分にふくまれているからだ。木の成長が極端に遅いことも衰退のスピードを速めた。フランスでは、樹齢千年をこえる古木がプロヴァンス地方の原生林やノルマンジー地方にちらほら残っているだけである。ただ、ここ数十年でイチイから抽出される抗ガン性物質の研究が進んだので、これまでの不吉なイメージはくつがえされるかもしれない。

⇦ *Taxus baccata*
ウェイクハースト・プレイス。アーディングリ（イギリス）

⇨ *Taxus baccata*
リヨン市植物園（フランス）

⇧ *Populus alba* フレジュ（フランス）

[ヤナギ科 Salicaceae]

ポプラ（別ウラジロハコヤナギ　仏白ポプラ）

Populus alba

ポプラの分布域は広く、南欧、中欧から南シベリア、ヒマラヤまで広がっている。この木は不定枝［通常の場所でない所から出る枝］が出やすく、川沿いの土地を好む。大量にできる種子はふわふわの綿毛にくるまれ、風に舞い、水の流れにのって遠くに運ばれていく。葉はわずかな微風にもそよぎ、表は深緑色、裏はビロード状の白いうぶ毛に覆われている。白い幹には割れ目の入ったひし形が一面にみられるが、これらは皮目といって、幹の内と外で空気が出入りする門の役目をはたしている。隣りあった皮目が融合して驚くべき「くちびる」を形成することもある。ポプラの芽は大昔から薬として利用されてきた。ポプラが属しているヤナギ科は、薬用植物の仲間として知られている。ヤナギ科はヤナギ属（*Salix*：サリックス）の樹皮のおかげで有名になった。解熱・鎮痛剤として知られるアスピリン（アセチルサリチル酸）は、この樹皮から抽出された成分を精製・改良して生まれたのだ。

⇧ *Populus alba*
ガッティエール（フランス）

⇧ *Populus alba*
アルル（フランス）

⇧ *Populus alba*
フレジュ（フランス）

［ブナ科 Fagaceae］
クリ （別ヨーロッパグリ）
Castanea sativa

クリは食用にも薬にもなるため、人の手によって広い地域に植えられてきた。ヨーロッパグリはカフカス地方からイギリスやアイルランドの南をかすめてポルトガルまで、多くの地方でみられるので、本当の原産地を決定するのはむずかしい。クリの実は、今でこそおしゃれなお菓子の材料となっているが、かつては貧乏人のパンとよばれ、食べものがない人たちの冬の栄養源だった。クリ材は耐久性にすぐれ、ぶどうの若木を支える杭や、多くの建物の材（梁や垂木としてつかわれてきた。カスタネアという属名は、テッサリア（ギリシア）とポントス王国（トルコ）にあった、クリで有名な町「カスターナ」に由来する。残念なことに、寄生菌類による病気の発生と栗農家の減少により、多くの栗林が姿を消してしまった。

⇦
⇨ *Castanea sativa*
亀裂の入った樹皮。
溝の中が縄目模様になっている。
キュー植物園。リッチモンド（イギリス）

↑ *Olea europaea*
多くの穴があいた空洞の幹。
ラ・コル=シュル=ルー（フランス）

⇨ 樹齢二千年のオリーブ。
ロクブリューヌ=カップ=マルタン（フランス）

[モクセイ科 Oleaceae]
オリーブ
Olea europaea

地中海文明の大黒柱オリーブは、果樹のひとつとして大昔から栽培されてきた。オリーブの実の収穫は、2万年ほど前にパレスティナですでにはじまっていた。ただしこの木特有の栽培技術ができあがったのは、古植物学者によれば紀元前2000年頃で、ヨルダンやイスラエルが起源だという。油を大量に消費したフォカイア人［フォカイアは小アジアの都市を拠点とした古代ギリシアの都市国家］、つぎにローマ人が、この木を地中海地方全域に広めた。彼らはオリーブ油を食用のほか、ランプの油や肌の手入れにつかった。オリーブは不死の象徴であるだけでなく平和と知識の象徴でもあり、人間関係を円滑にし、精神を明るくしてくれる。その実からつくられたテーブルオリーブやタプナード［ケッパーやアンチョビを混ぜてペースト状にしたもの］は食卓の人気者だ。

⇨ *Olea europaea*
幹の内部。ラ・コル=シュル=ルー（フランス）

[マツ科 Pinaceae]

カイガンマツ（別フランスカイガンマツ）
Pinus pinaster

カイガンマツは赤紫のうろこ状の樹皮ですぐに見分けがつく。この木は地中海地方の中央部と西部に自生している。1786年、フランス南西部（ランド地方）で、ビスケー湾岸の村々をおびやかしていた砂漠化をくい止めるために大規模な再植林事業がはじまった。それ以来、カイガンマツは林業で非常に重要な樹種となり、今ではフランスの森の12％近くを占めている。この木は古代からとくに松脂のために大事にされてきた。カイガンマツの松脂をジェムという。これをジェムールとよばれる松脂採取人が、辺材［樹皮に近い部分］に傷をつけて採取する［下写真］。1本の木から、収穫期のあいだに平均1.5リットルの松脂がとれる。それを煮たり蒸留したりして、タールやテレビン油、また演奏家がバイオリンなどの弓に塗るコロフォニーをつくる。

⇨ *Pinus pinaster*
ラ・テスト・ド・ビュッシュ（フランス）

⇧ *Pinus pinaster*
ラ・グランド・ランド環境博物館。サーブル（フランス）

⇧ 樹皮のうろこは成長するにつれて層状に積み重なっていく。

ジェムールによる伝統的な松脂採取 ➡➡➡

⇧ *Pinus pinaster*
ラ・グランド・ランド環境博物館。サーブル（フランス）

⇧ *Pinus pinea* 遠慮がちな枝ぶりの樹齢100年のカサマツ。テュレ荘庭園。アンティーブ（フランス）

［マツ科 Pinaceae］

カサマツ（別イタリアカサマツ　仏日傘松）

Pinus pinea

高さ30メートルを超えるこの巨大な「日傘」は、地中海地方の北部に分布している。古植物学者によると、ホモ・サピエンス・サピエンスは何万年も前にすでに松かさを採取していたという。しかし木を育てるようになったのは古代からで、木組み用の木材と種子（松の実）のために、古代ローマ人によって広い地域に植えられた。松の種子はその頃から使われてきた地中海料理の伝統的な食材で、今ではスペインが世界一の生産量を誇っている。遠慮がちに広げられた枝ぶりがまるで巨大なジグソーパズルのようにみえるカサマツ林は、夏、散策におとずれる避暑客をいかにも地中海地方らしい雰囲気で迎えてくれる。心地よい松脂の香り、セミの歌声、松ぼっくりのはぜる音……。

⇧ *Pinus pinea* ニース（フランス）

⇧ *Pinus pinea* ニース（フランス）

⇧ *Quercus suber* マルヴォアザンの森。ピュジェ=シュル=アルジャン（フランス）

[ブナ科 Fagaceae]

コルクガシ
Quercus suber

コルクガシは典型的な地中海地方の樹木で、フランスではヴァール県、ピレネー=オリアンタル県、ランド県、コルシカ島のコルクガシ園に集中しているが、断然多いのはポルトガルである。壺の栓としてのコルクの利用は紀元前500年頃にはじまった。しかしコルク栓が名を上げたのは、シャンパンを発明した17世紀の修道士、ドン・ペリニョンのおかげだ［彼の名を冠した高級シャンパンは日本ではドンペリの通称で知られている］。そのほか、コルクは防音材やパッキン材としても使われる。厚い樹皮は燃えにくく、効果的な自然の防火材にもなっている。コルクガシの樹皮の採取をデマスクラージュという。デマスクラージュは、国によって異なるが、平均するとだいたい12年ごと、一本の木が一生を終えるまでに10回ほどおこなわれる。はぎ取られたばかりの皮はオレンジがかった色をしているが、しだいに紫色をおびた茶色になり、やがて淡い茶色に変わっていく。

コルクの利用：デマスクラージュからコルク栓まで➡➡

⇧ *Quercus suber* プリマ・リエージュ社。フレジュ（フランス）

➡ *Quercus suber*
マルヴォアザンの森。
ピュジェ=シュル=アルジャン（フランス）

[ツツジ科 Ericaceae]

グレシアンストロベリーツリー

(仏ギリシアのイチゴの木)

Arbutus andrachne

グレシアンストロベリーツリーは、おもに地中海地方の南東部（ギリシアやトルコ）や黒海沿岸に自生している。そのすべすべした官能的な樹皮は「ここへ来てわたしをなでて」と誘っているようだ。春にはそれが特別にあざやかな赤に染まり、夏の暑さとともに少しずつ脱ぎ落とされていく。まず樹皮全体に無数の四角い亀裂が入り、つぎにそれがはがれ、乾いて、小さなシナモン棒のようにくるりと丸まると、なかから若い樹皮が顔を出すが、その初々しい青りんご色はまもなく消えてしまう。イチゴノキという名は、味はうすいが食べられる小さな赤い実に由来する。グレシアンストロベリーツリーは薬木で、これに含まれるアルブチン［arbutine］が、皮膚病（湿疹）や関節症（痛風性関節炎、関節炎、リウマチ）の手当てにつかわれる。

⇐ *Arbutus andrachne*
テュレ荘庭園。アンティーブ（フランス）

夏の剝落と、つかのまの色調 ➡ ➡ ➡

⇑ ⇒ *Arbutus andrachne*
ニース市植物園（フランス）

[ツツジ科 Ericaceae]

イチゴノキ

イチゴノキ属は1ダース余りの種からなり、地中海地方に似た気候の地域に生育する（南ヨーロッパ、カナリア諸島、北アメリカ西岸）。属名のアルブトゥス［*Arbutus*］はケルト語の"arbois"から来ている。「ざらざらした」というのがその意味で、赤い実の皮の触感をあらわしている。果肉はねっとりして食べられる。このためヨーロッパの種は「イチゴの木」とよばれている。北アメリカでは「マドローナ」とよばれる。

❶ *Arbutus canariensis*
　テュレ荘。アンティーブ（フランス）
❷ *Arbutus x andrachnoides*
　テュレ荘。アンティーブ（フランス）
❸ *Arbutus andrachne*
　ニース市植物園（フランス）
❹ *Arbutus andrachne*
　テュレ荘。アンティーブ（フランス）
❺ *Arbutus x thuretiana*
　テュレ荘。アンティーブ（フランス）
❻ *Arbutus x thuretiana*
　テュレ荘。アンティーブ（フランス）
❼ *Arbutus unedo*
　フェニックス公園。ニース（フランス）
❽ *Arbutus andrachne*
　テュレ荘。アンティーブ（フランス）
❾ *Arbutus x thuretiana*
　テュレ荘。アンティーブ（フランス）

AMERICA

アメリカ

Sequoiadendron giganteum
英名ジャイアント・セコイアの
圧倒的な木立。
セコイア国立公園。
カリフォルニア（アメリカ合衆国）

⇧ ⇨ *Betula papyrifera*
ローレンシャン地方。ケベック（カナダ）

[カバノキ科 Betulaceae]
シラカバ（仏紙の樺）
Betula papyrifera

北アメリカの北部にはシラカバが無数に生えている。この木はアメリカ先住民にとって文字どおり生命の樹だった。樹皮はほとんど腐らないので、無限の使いみちがある。防水性を生かしてカヌーの外張りや、ウィグワム（先住民の伝統的な住居）の屋根葺きをはじめ、あらゆる種類の覆いや容器の材料、たいまつ（濡れていても簡単に火がつく）や筆記用の紙としても役立ってきた。春には樹液がメイプルシロップと同じ方法で採取される。このシラカバ水は、痛風、膀胱炎、皮膚病に効く飲み物として知られている。これを煮つめたシロップや発酵させたアルコール飲料を、元気づけのために飲むこともある。商業的には、シラカバ材は紙の原料として製紙工場に出荷されることが多く、燃料としてもつかわれてきた。

⇧ *Betula nigra*
マルキ森林公園。
ヴェルニオーズ（フランス）

⇧ *Betula papyrifera* var. *commutata*
ウェストンバート森林公園。
テトベリー（イギリス）

⇧ *Betula alleghaniensis*
ウェイクハースト・プレイス。
アーディングリ（イギリス）

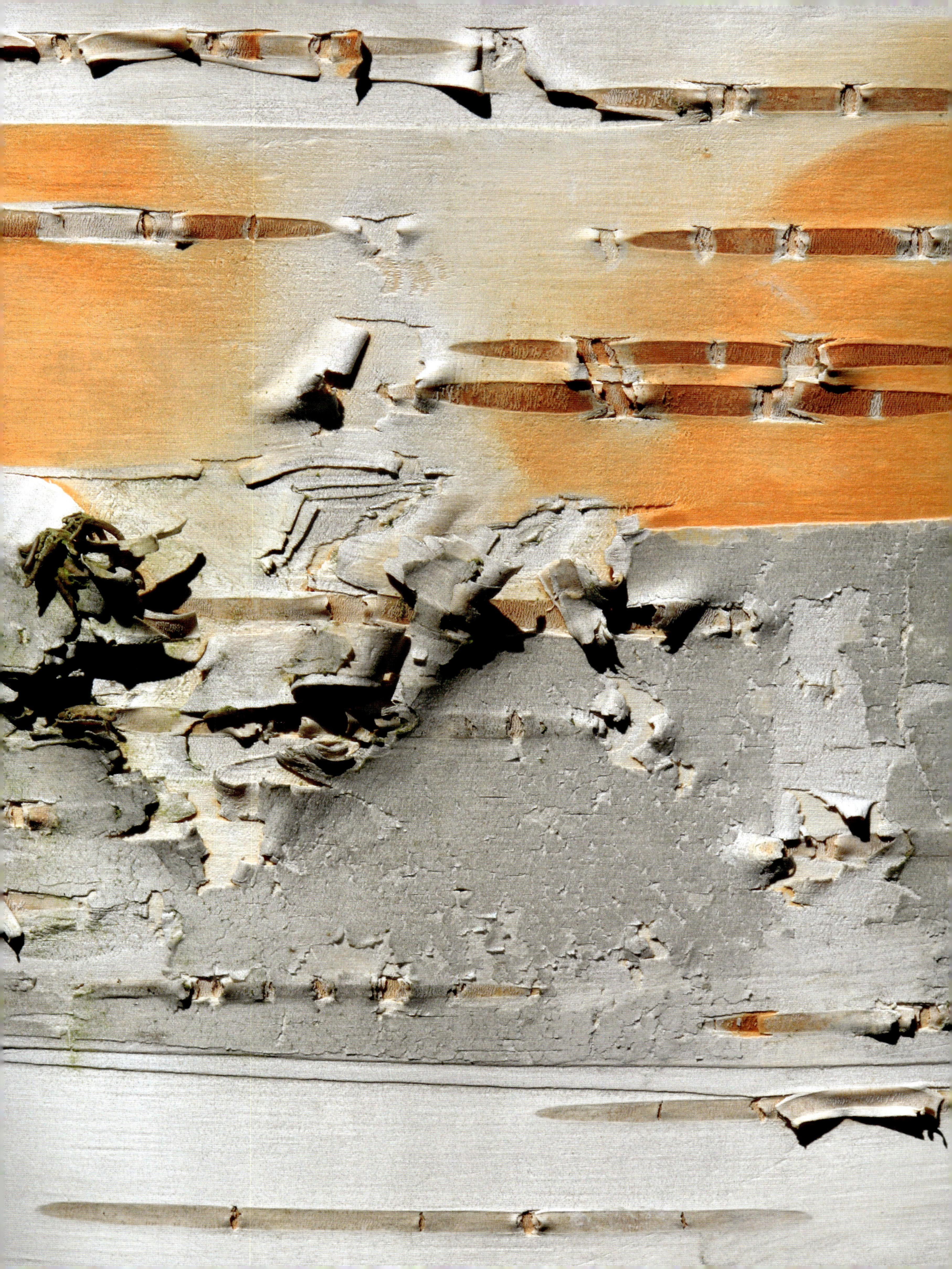

⇧ *Taxodium distichum* ヌマスギの原生林。コークスクリュー沼自然保護区。ネープルズ。フロリダ（アメリカ合衆国）

［ヒノキ科 Cupressaceae］

ヌマスギ（別ラクウショウ　仏禿の糸杉）

Taxodium distichum

秋、紅葉したヌマスギ（沼杉）は、アメリカ合衆国南東部の湿地帯を燃えるような赤褐色に染める。やがて鳥の羽のような葉が落ち、針葉樹にしてはめずらしい裸のシルエットが並び立つ。これがフランス語で「禿の糸杉」とよばれるゆえんだ。ヌマスギは、マングローブ林を代表するヒルギ科の木々とともに、水浸しの土地に対する耐性がとても強い。息苦しい生活条件と戦うために、呼吸根とよばれる奇妙な突起した根を幹の周辺に出す。呼吸根は、あまり深くない沼の土に木をつなぎとめる錨の役もはたしている。突起は高さが1.5メートルを超えることもあり、船舶の部品の製造につかわれることが多い。木材は腐らず、耐久性にすぐれているので、建材として非常に人気が高い。

⇨ *Taxodium distichum*
クマバチの大きさの襞が入った樹皮。リヨン市植物園（フランス）

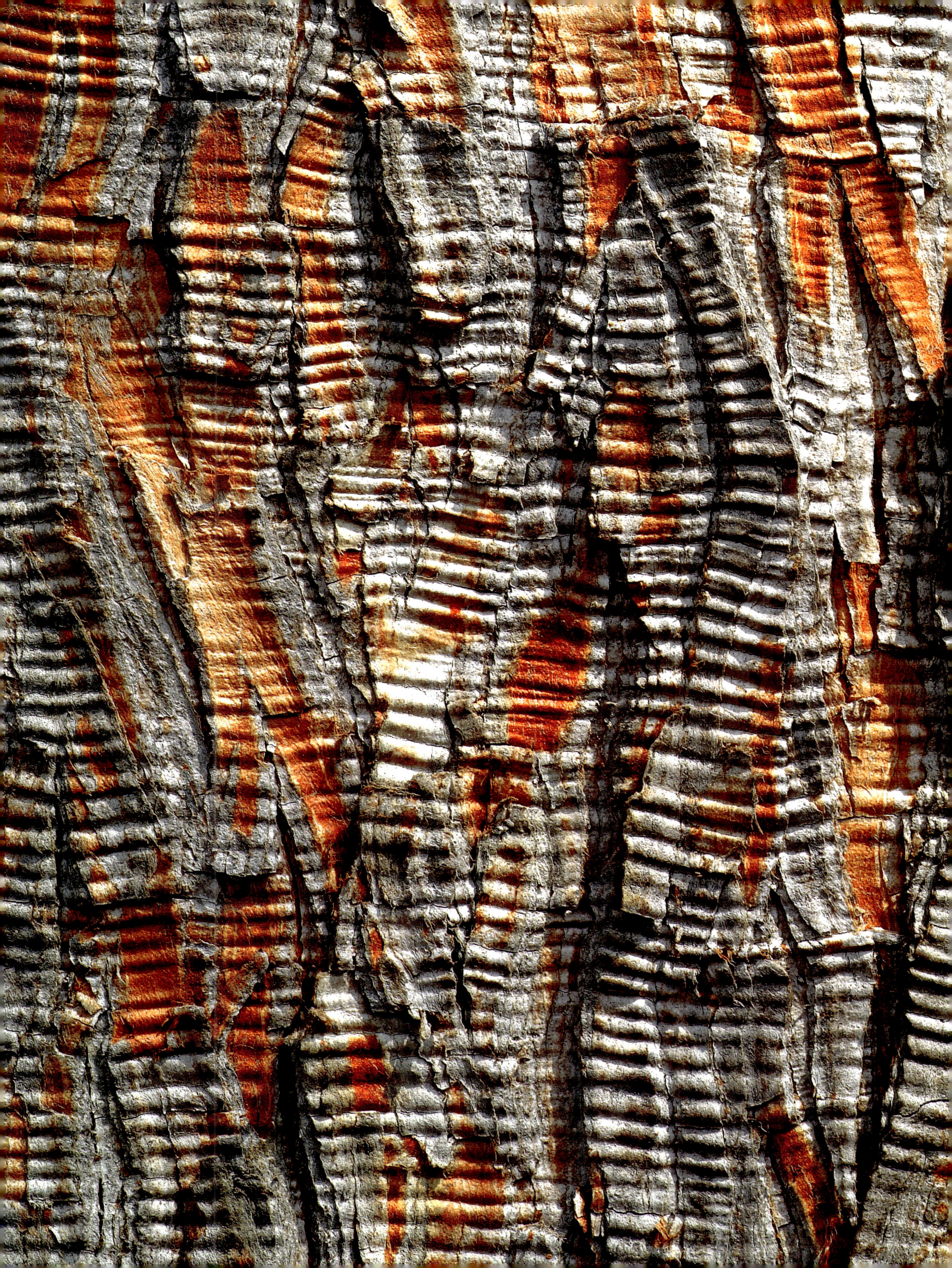

[クワ科 Moraceae]
シメゴロシイチジク
(仏 フロリダの締め殺し屋イチジク)
Ficus aurea

熱帯植物のなかには、蔓植物や多くの種類のイチジクのように、殺し屋などというひどいレッテルを貼られているものがある。フロリダのシメゴロシイチジクが良い例だ。この木はおもにフロリダやカリブ諸島の沼地帯や熱帯林にみられる。種子は鳥によって散布され、木々の枝の腋や、パルメット椰子の葉の基部など、高いところで芽吹く。そこで若いイチジクの木が着生植物として生長をはじめるのだ。細い根は感謝をこめて宿主を抱きしめ、地面に着くと急速に生育して何くわぬ顔で宿主を締めつける。支柱となった木は光を奪われ、しだいに衰弱していく。しまいには宿主を殺すこともあり、その場合はイチジクの根でできたなかが空洞の塔のようなものだけが残る。

⇦ *Ficus aurea*.
マウンツ植物園。ウェストパームビーチ。フロリダ（アメリカ合衆国）

⇨ *Ficus aurea*.
マイアミ。フロリダ（アメリカ合衆国）

⇧ *Ficus aurea*.
パルメット椰子に巻きつく若いシメゴロシイチジク。
エヴァーグレーズ国立公園。
フロリダ（アメリカ合衆国）

⇧ *Ficus aurea*.
ガンボリンボを覆う、やや年をとったシメゴロシイチジク。
モンゴメリー植物センター。
コーラルゲイブルス。
フロリダ（アメリカ合衆国）

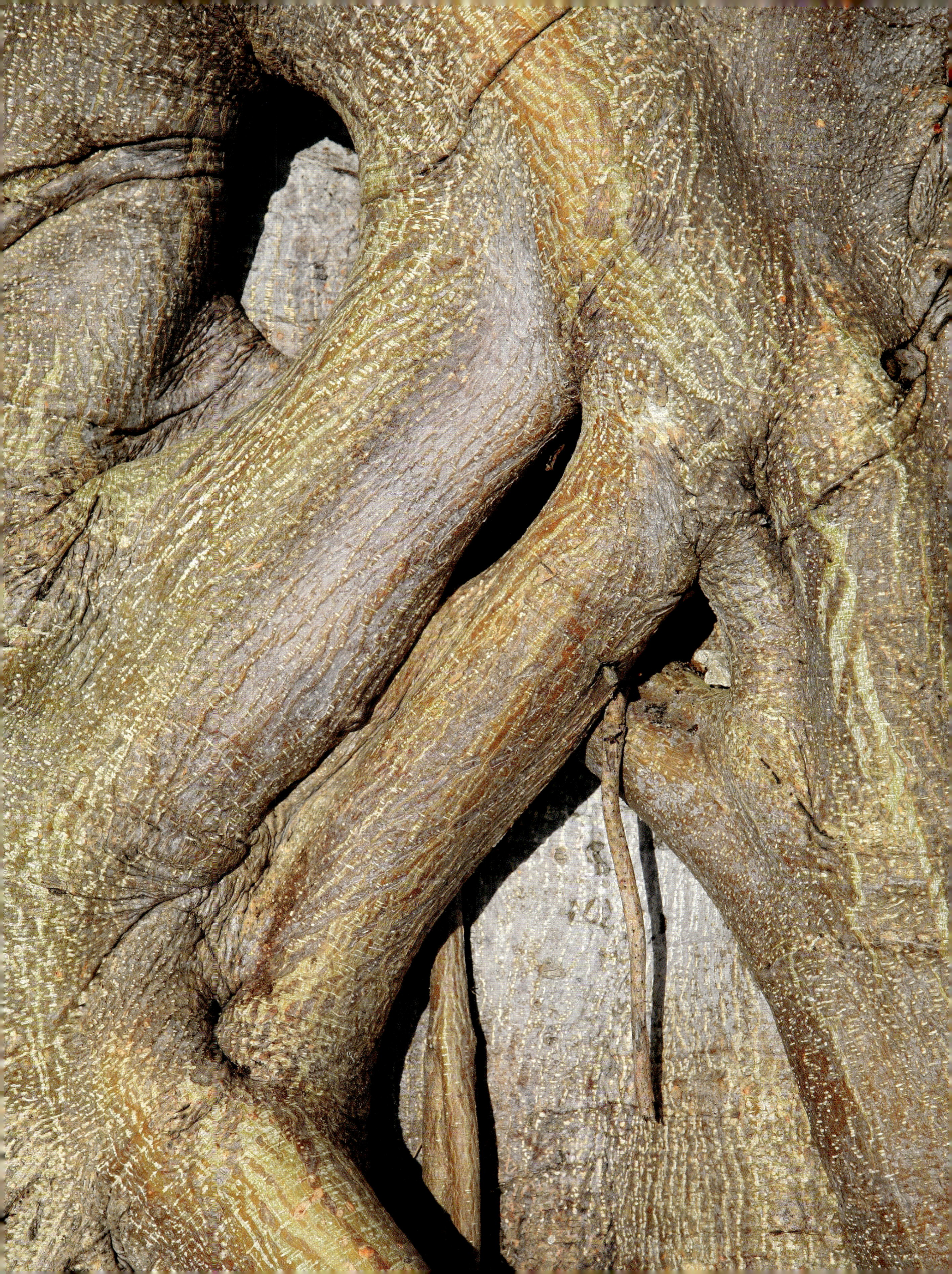

[カンラン科 Burseraceae]
ガンボリンボ
Bursera simaruba

ガンボリンボは、メキシコから南アメリカ北部の熱帯地方にかけて、またフロリダとカリブ海地方にも生育する。海岸地方に多い理由は、塩分の多い土壌に適応し、サイクロンの暴風にも負けないからだ。たとえ折れても、折れた枝が簡単に根づく。「観光客の木」ともよばれるが、これは紙のように薄い樹皮の赤い色が、日焼けした観光客の肌を思わせるからだという。ガンボリンボからは、同じカンラン科の乳香樹（ボスウェリア属）や没薬樹（コンミフォラ属）と同じように樹脂がとれ、地元の人々はこれを薬や、香や、糊や、ニスなどとして利用している。樹皮は「毒の木（*Metopium toxiferum* ウルシの仲間）」の有毒な樹液に対する解毒薬とかんがえられている。種子は赤い仮種皮にくるまれ、それに惹かれて多くの鳥たちがやってくるので、広範囲に種子を散布してもらえる。

⇧ *Bursera simaruba*.
フェアチャイルド熱帯植物園。コーラルゲイブルス。フロリダ（アメリカ合衆国）

⇧ *Bursera microphylla*.
モーテン植物園。パームスプリングス。カリフォルニア（アメリカ合衆国）

⇦
⇨ *Bursera simaruba*. モンゴメリー植物センター。コーラルゲイブルス。フロリダ（アメリカ合衆国）

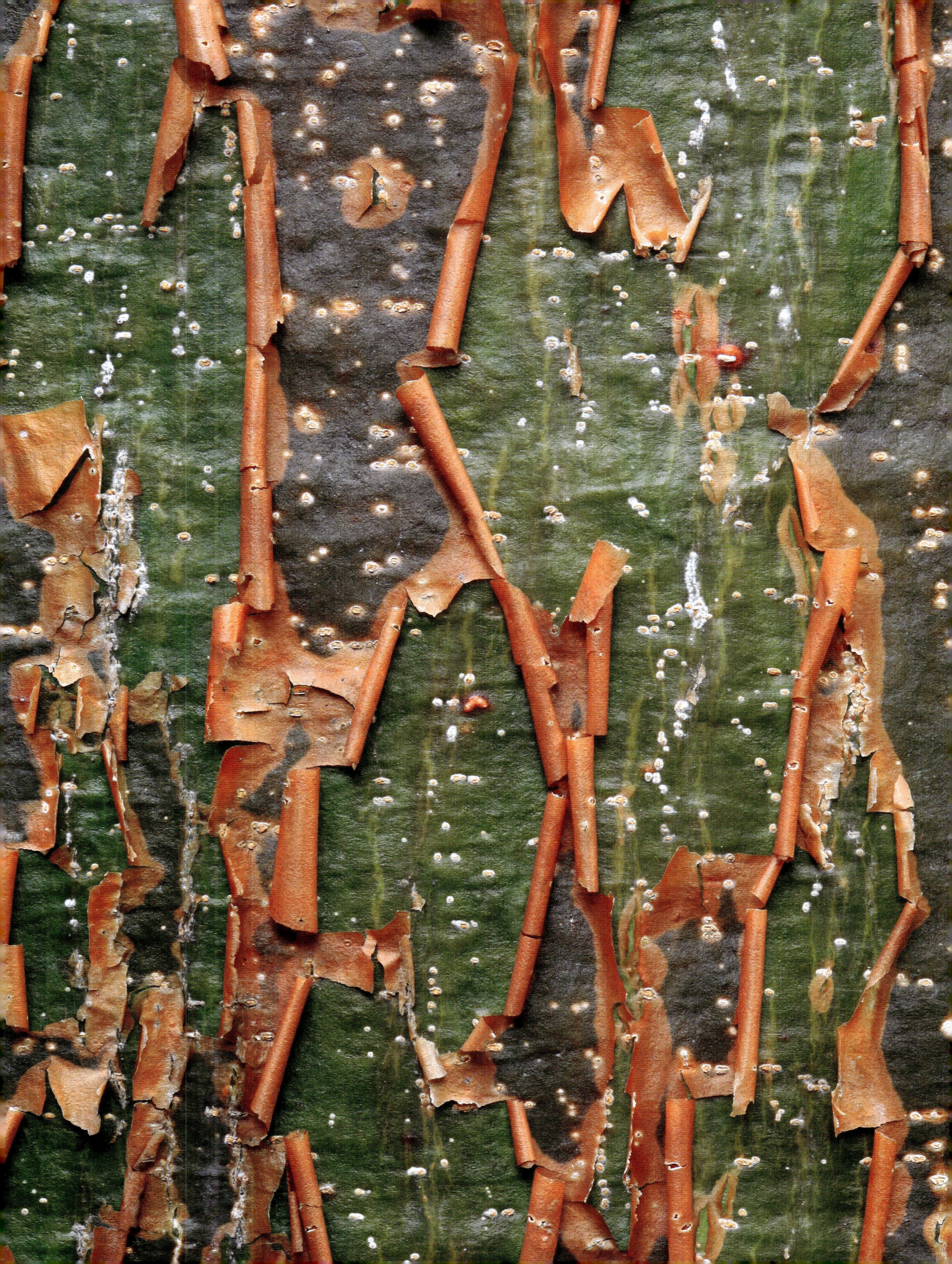

[ヤシ科 Arecaceae]

パルメットヤシ

Sabal palmetto

パルメットヤシは、フロリダや南カリフォルニアの海岸と沼の風景を象徴する植物である。塩分や湿気に耐えるだけでなく、乾燥や氷点下の気温にも耐える。このような育てやすさに加え、葉は美しく、幹は独特だ。葉の基部では、たくさんの葉柄がまるでコルセットのように斜めの格子模様をつくり、個体によってはそれがそのまま何年も保たれる。時がたつにつれて、格子のすき間に組織の残骸がたまり、そこにシダやランなどの着生植物が根をおろして生長する。しまいにはヤシを締め殺してしまうシメゴロシイチジクもそのひとつだ。パルメットヤシの頂芽［幹の最先端にある芽］は食べられるが、唯一の上に伸びる分裂組織でもあるので、これをとってしまうと木の命取りになる。掌のような葉の部分はさまざまな工芸品の材料としてつかわれる（帽子、籠、縄など）。花にはミツバチが群がり、すばらしく美味しい蜂蜜をつくってくれる。

⇡ *Sabal palmetto* 足は水に浸かっている。エヴァーグレード国立公園。フロリダ（アメリカ合衆国）

↱ *Sabal palmetto*
個体によって幹の色が違う。
エヴァーグレード国立公園。フロリダ（アメリカ合衆国）

⇡ *Sabal mauritiiformis*
モンゴメリー植物センター。コーラルゲイブルス。
フロリダ（アメリカ合衆国）

[ヤシ科 Arecaceae]

キューバダイオウヤシ（仏 キューバの王者椰子）
Roystonea regia

なめらかな幹、すらりとした姿が優美なこのヤシは、キューバの農村風景の特徴となっている。とても役に立つ植物で、キューバの農民はこの木の各部をすべて利用する。ビン形の幹は、根もとだけでなく中ほどもふくらみ、これによって他の種のヤシと区別がつく。若い木の幹はくっきりとした環状の縞模様に取り巻かれている。縞の色は暗い栗色だが、頂芽［幹の最先端にある芽］の近くではやわらかい緑色に変わる。ロイストーネアという属名は、アメリカ・スペイン戦争〔1898年〕でプエルトリコ併合のために戦ったアメリカ軍の士官、ロイ・ストーンにちなんだもの。彼は別種のダイオウヤシ（*Roystonea borinquena*）が生えていたプエルトリコ島にほれこみ、道路網を広げ、島民の安全を守りながら熱心に島の発展にとりくんだ。種小名のレギアとはロイヤル（royal）、つまり「王者の風格のある」「壮麗な」という意味である。

⇧ ⇨ *Roystonea regia* ヌメア（ニューカレドニア）

⇦ *Roystonea regia*
モンゴメリー植物センター。コーラルゲイブルス。フロリダ（アメリカ合衆国）

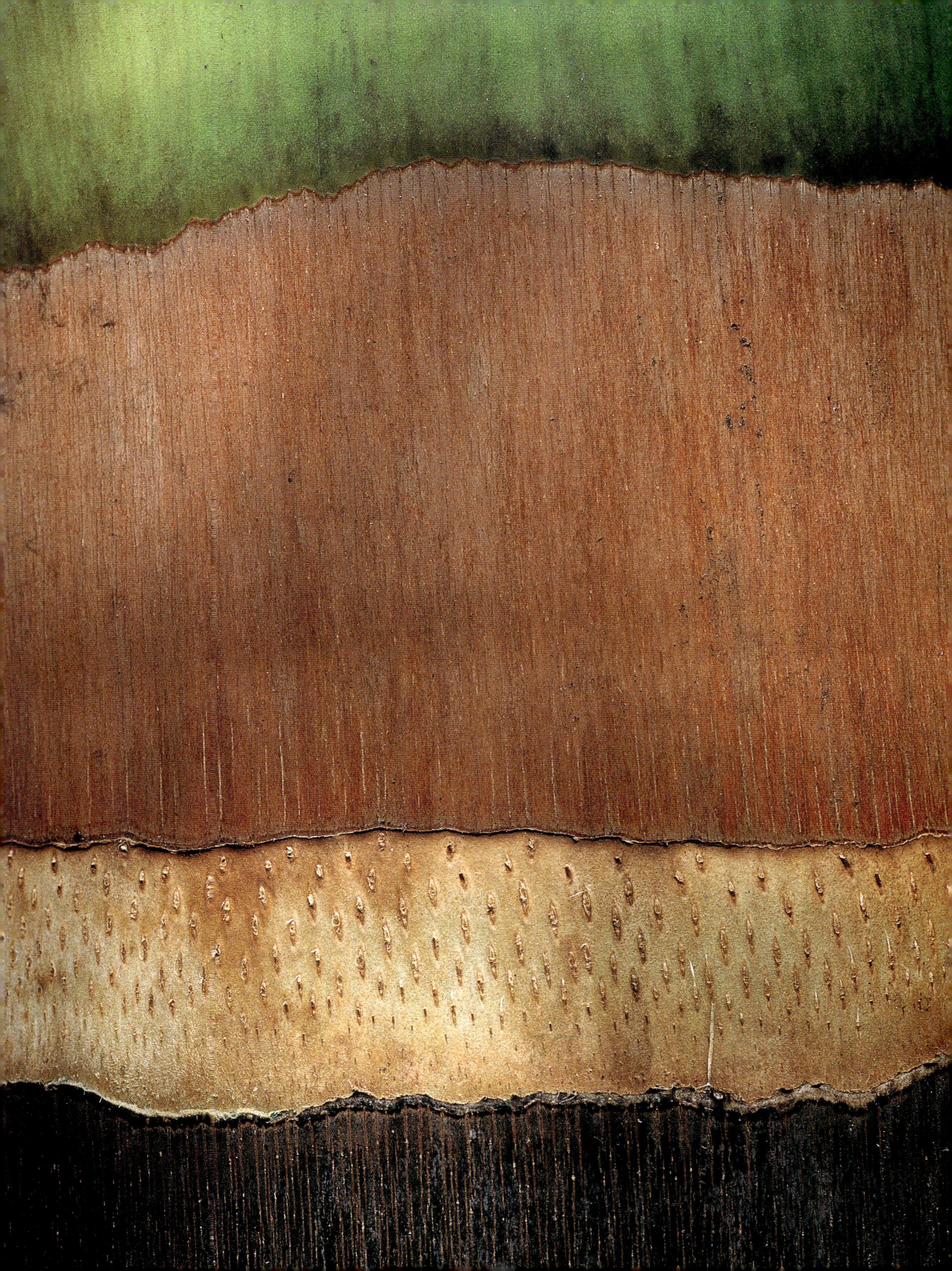

［ヤシ科 Arecaceae］
ヤシ

ヤシ科の植物は約3000種あり、おもな原産地は熱帯である。一般に背が高く、なかには途方もなく大きいものもあるが（樹高60m、幹回り5m）、これは木［木本］ではなく巨大な草［大型草本］だという専門家もいる。たしかにヤシは材をつくらないし、年輪もない。人間にとってはまさに恵みの木で、あらゆる部分が利用されている。食用に、屋根葺き材に、薬に、工芸品の材料に‥‥。

❶ *Trithrinax campestris*
サンテギュルフ（フランス）
❷ *Carpoxylon macrospermum*
フェアチャイルド。コーラルゲイブルス
（アメリカ合衆国）
❸ *Coccothrinax miraguama*
モンゴメリー。コーラルゲイブルス（アメリカ合衆国）
❹ *Clinostigma harlandii*
フェアチャイルド。コーラルゲイブルス
（アメリカ合衆国）
❺ *Roystonea regia*
モンゴメリー。コーラルゲイブルス（アメリカ合衆国）
❻ *Jubaea chilensis*
テュレ荘。アンティーブ（フランス）
❼ *Livistona drudei*
キュー植物園。リッチモンド（イギリス）
❽ *Metroxylon sagu*
ケブン・ラヤ・ボゴル（インドネシア）
❾ *Washingtonia robusta*
ニース（フランス）
❿ *Butia capitata*
キャネ・アン・ルシヨン（フランス）
⓫ *Hyophorbe verschaffeltii*
ケブン・ラヤ・チボダス（インドネシア）
⓬ *Dypsis decaryi*
ラノマファナ（マダガスカル）

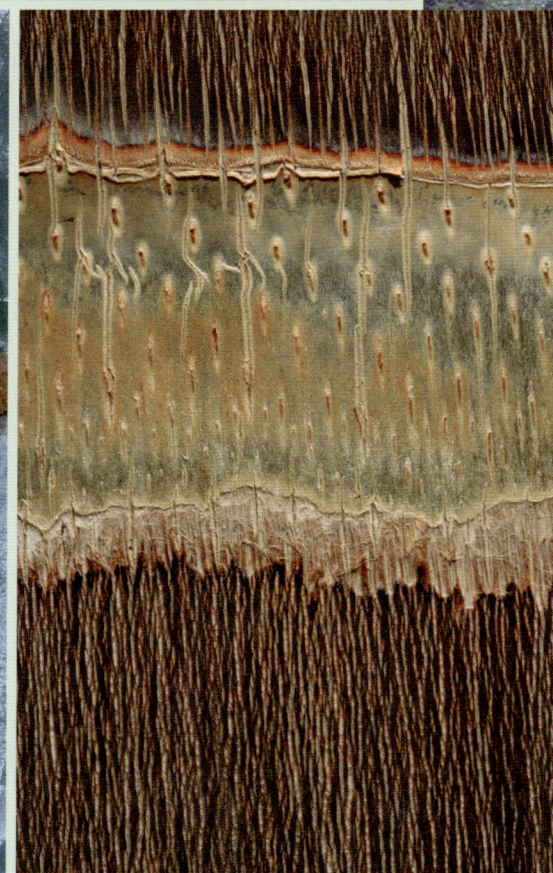

⑥ ⑦ ⑧ ⑨ ⑩ ⑪ ⑫

[ツツジ科 Ericaceae]
マドローナ（仏太平洋のマドローナ）
Arbutus menziesii

1792年、アーチボルド・メンジーズというスコットランドの博物学者がバンクーバー探検に乗りだし、北アメリカの西海岸でこの巨大なマドローナ（イチゴノキ）を発見した。なめらかな朱色の樹皮は夏のあいだに剝落し、なかから青りんご色の新しいドレスがあらわれる。先住民は毛皮をなめすのにこの木の皮を使っていた。彼らにとってマドローナはいろいろな病気に効く薬木でもあった。この木からつくられる炭は良質で、大砲の火薬の材料として使われていた。マドローナは火に強く、山火事を利用して広がる植物だ。山火事の炎が通りすぎたあと、熱い土のなかでその種子は芽を出しやすくなる。他の植物より早く成長し、発芽に光が必要な他の植物の光を奪うことで、ライバルたちをふるい落とす。そこでマドローナはぐんぐん再生し、幹から新しい枝を伸ばす。ただ、最近は山火事を制御できるようになってきたため、その分布域は縮小しつつある。

⇧*Arbutus menziesii* 剝落のごく初期。

⇨
⇦*Arbutus menziesii*
カリフォルニア大学植物園。バークレイ。
カリフォルニア（アメリカ合衆国）

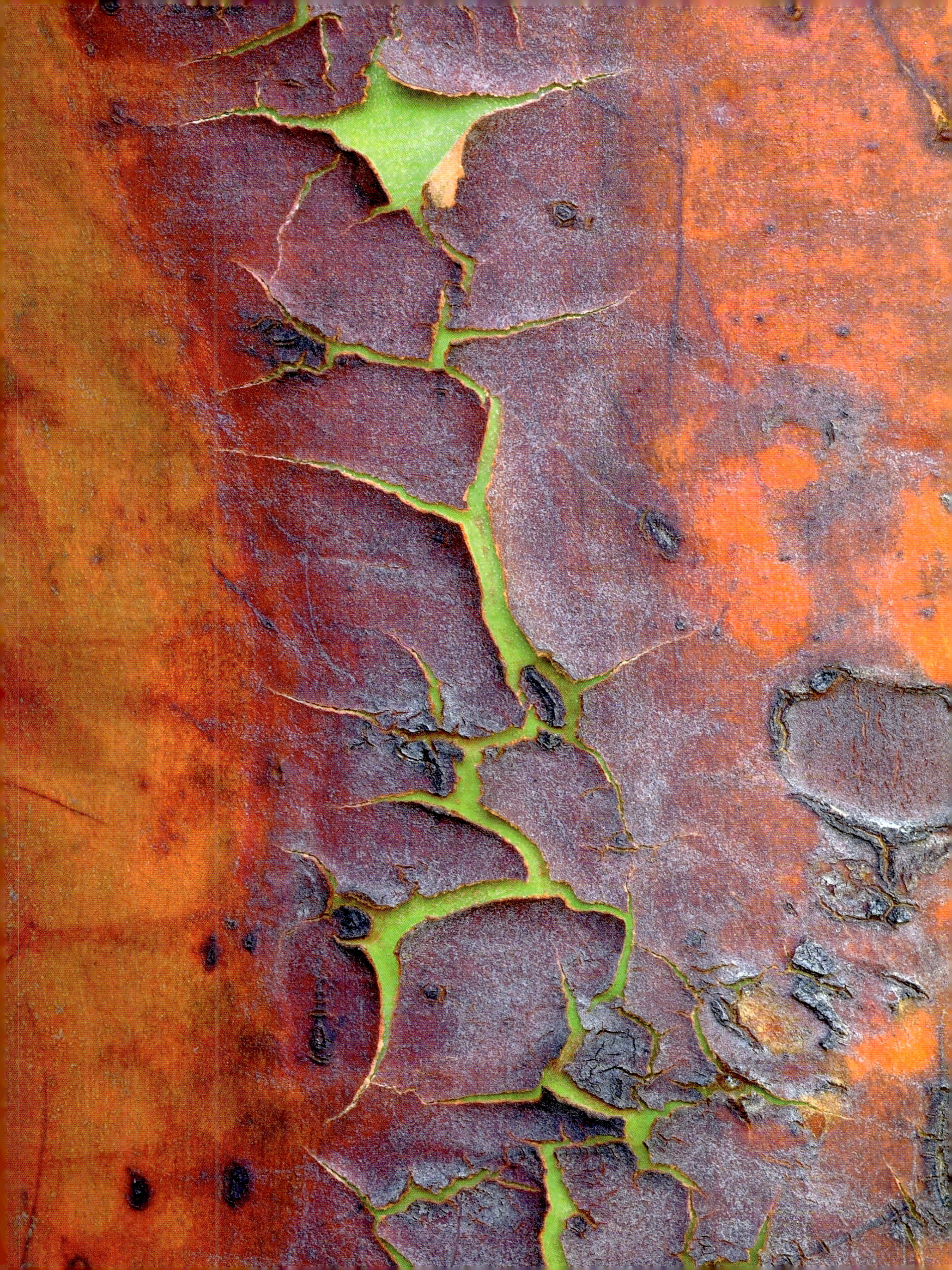

↑千年を経た *Sequoia sempervirens* の海岸林。ミュア・ウッズ国定公園。カリフォルニア（アメリカ合衆国）

[ヒノキ科 Cupressaceae]

センペルセコイア（仏海岸のセコイア）

Sequoia sempervirens

センペルセコイアは、陸地の奥に引っ込んでいるジャイアントセコイア（*Sequoiadendron giganteum*）と違って、海岸部（カリフォルニア州モントレーの南からオレゴン州南部まで）に分布している。この木は海の霧から水分を摂取する。背の高い木の世界記録保持者でもある（115m）。繊維性の樹皮は最も厚い部類に属し、文字通り体を張って木を火からまもってくれる。年をとったセンペルセコイアは、幹の下方数十メートルにわたって枝がないので、枝には炎がとどかない。樹皮と木部はシナモン色で、これはカビと細菌から木をまもるタンニンが多いことをあらわしている。これらの理由により、セコイアの多くは千年をへた老木だ。セコイアという名前は、チェロキー族独自のアルファベットを考案した先住民、セコイア（Sequoyah）に敬意をあらわしたものといわれる。

⇒*Sequoia sempervirens*
樹齢数百年の木の波打つ樹皮。ミュア・ウッズ国定公園。カリフォルニア（アメリカ合衆国）

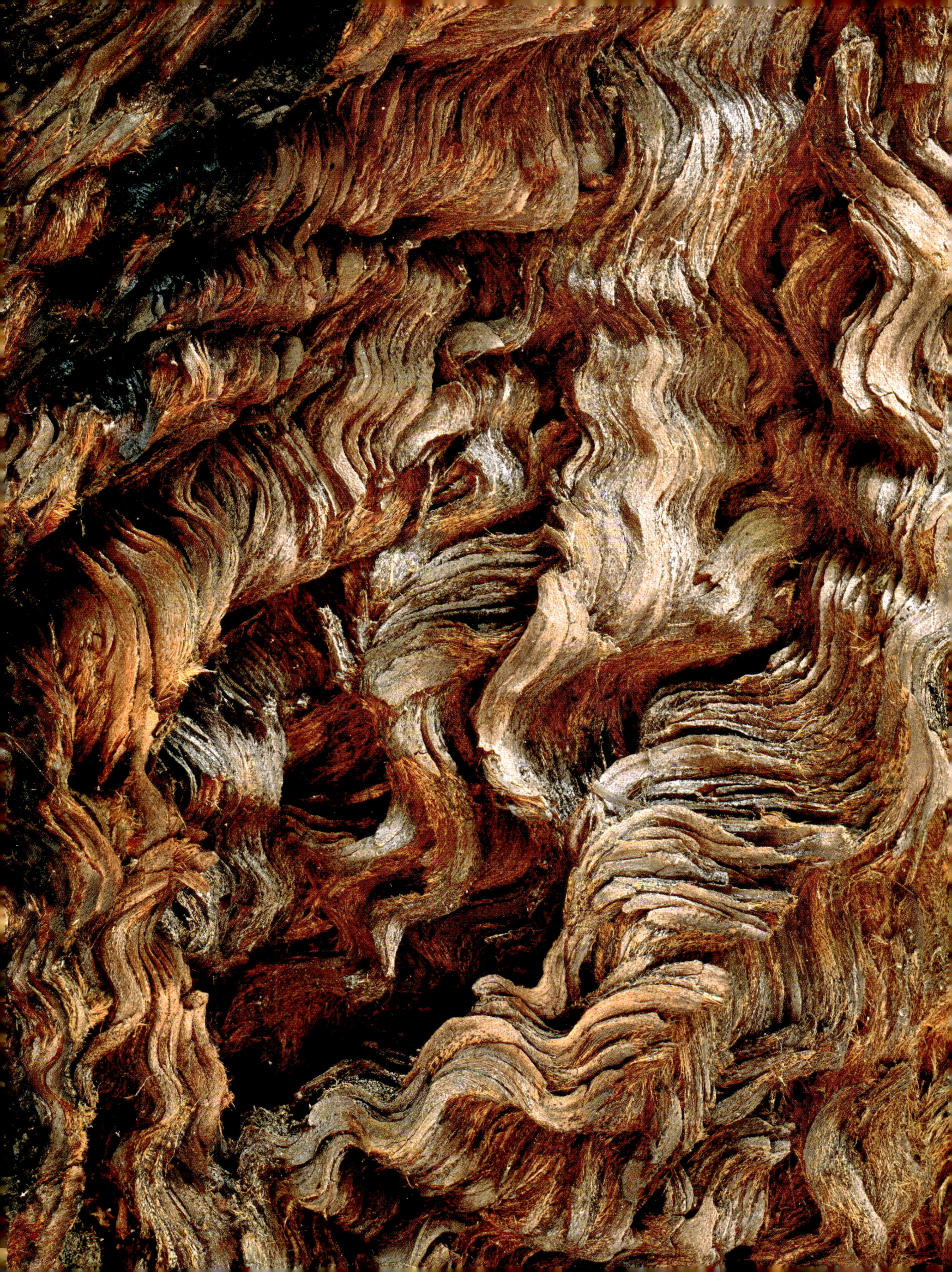

[ツツジ科 Ericaceae]

マンザニータ（仏サン・ルイ・オビスポのマンザニータ）
Arctostaphylos obispoensis

地球上には約60種のマンザニータがある。どれも原産地は北アメリカの西部で、ブリティッシュコロンビア州（カナダ）の南部から中部メキシコにかけて分布している。属名アルクトスタフィロスは、ギリシア語のアルクト（熊）とスタフィレ（ぶどう）を合わせたもので、熊が好んで食べる小さな実をさしている。一方、マンザニータという通称は「小さなりんご」という意味のスペイン語だ。ここにあげたサン・ルイ・オビスポのマンザニータは、カリフォルニア州のサン・ルイ・オビスポ周辺に自生している。色彩的にとても美しい木で、灰緑の葉と、赤紫のすべすべした繊細な樹皮のコントラストがすばらしい。樹皮は夏のはじめに剝落し、なかからあらわれる新しい樹皮は、緑からオレンジ、赤茶、そして赤紫へと変化していく。近縁のイチゴノキと同じく、マンザニータもアルブチンを含んでいるので、尿路感染症の治療につかわれる。

⇦
⇨ *Arctostaphylos obispoensis*
カリフォルニア大学植物園。
バークレイ。カリフォルニア（アメリカ合衆国）

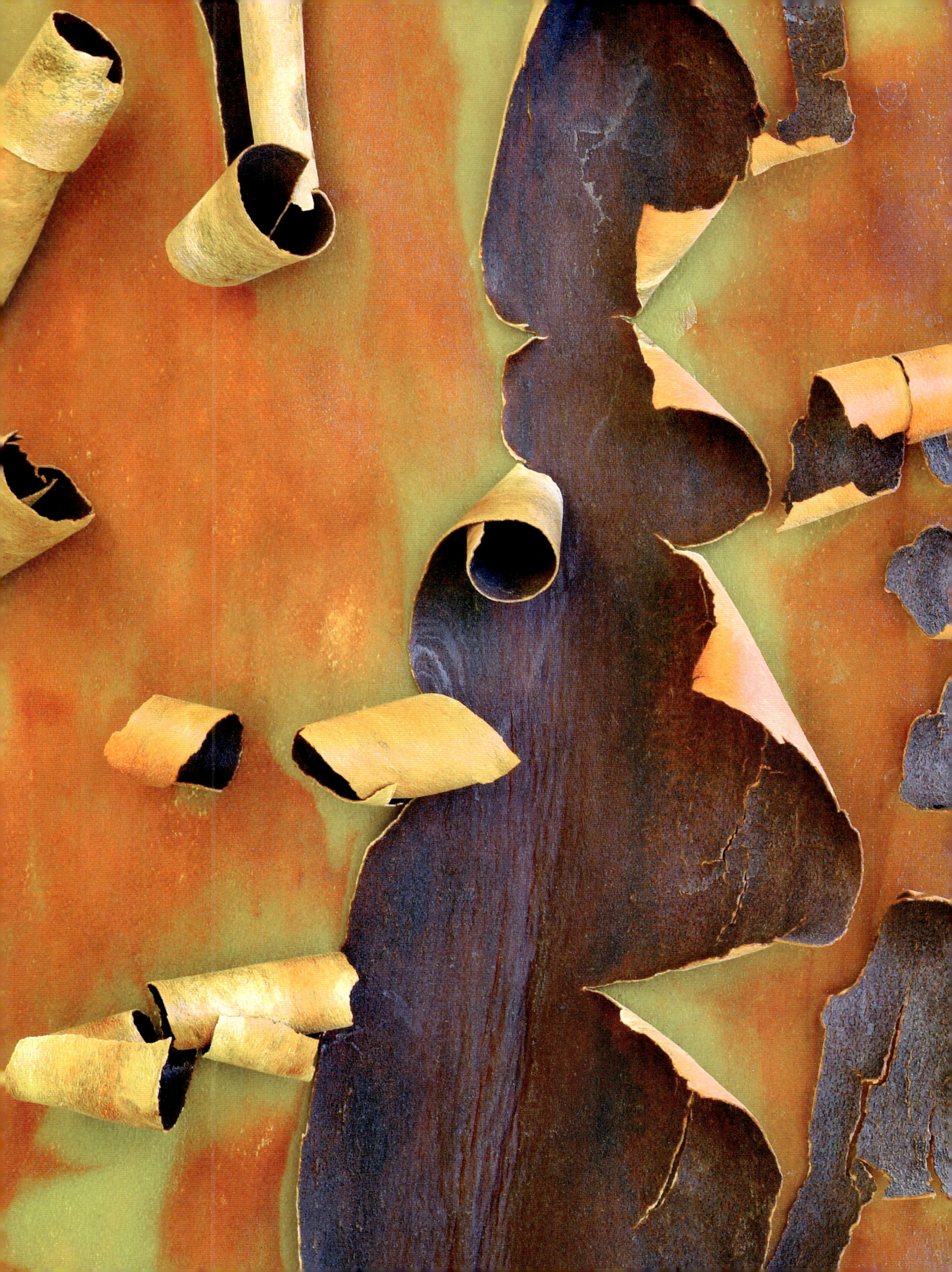

［ヒノキ科 Cupressaceae］
ウスカワアリゾナイトスギ （仏 無毛の糸杉）
Cupressus glabra

ウスカワアリゾナイトスギは20世紀初頭、アリゾナ州のヴェルデ渓谷で発見された。独立した種とみる人もいれば、アリゾナイトスギ（*Cupressus arizonica*）の変種とみる人もいるが、香りのよい灰青色の葉に樹脂腺がある点、きわめて固い木と独特な樹皮をもつ点で、アリゾナイトスギとは異なっている。赤や緑や黄色が混じったカラフルな樹皮が削り屑のように剝落すると、髭をそったあとのようなすべすべした木肌があらわれる。ここから「グラブラ」（無毛の、髭のない）という種小名がついた。この木を並べて植えるとすぐれた防風林になり、外からの侵入を防ぐための自然な囲いにもなる。丈夫で、世話のいらない好乾性植物なので、南フランスでは観賞用につかわれることが多い。

⇧⇐ *Cupressus glabra*
色とりどりの樹皮。フレジュ（フランス）

⇒ *Cupressus glabra*
剝落のあとにあらわれた樹脂の模様。フレジュ（フランス）

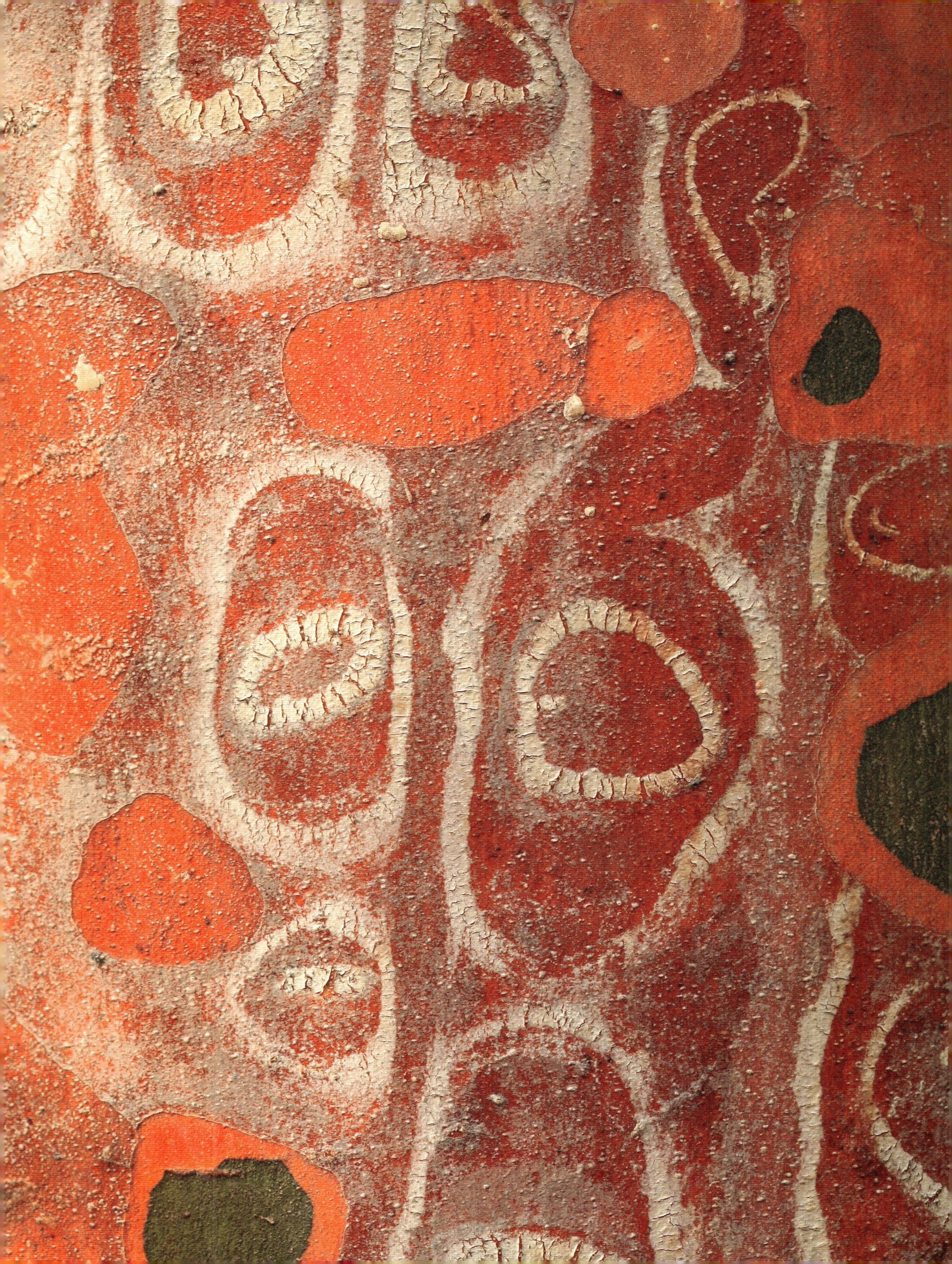

⇧ *Pinus longaeva* 巨大な幹の「古老」。周長は11メートルを超える。古代松の森。古老林。カリフォルニア（アメリカ合衆国）

[マツ科 Pinaceae]

ブリスルコーンパイン

Pinus longaeva

ブリスルコーンパインのブリスルは剛毛、コーンは球果［マツカサ］、パインは松を意味している。その名のとおり、球果の果鱗［うろこ状の部分］には小さな棘（微突起）がたくさんついている。このマツは世界で最も長寿な生きもののひとつだ。なかでも最も長寿なのは、創世記の長寿の人物の名をとって「メトシェラ」と呼ばれる木で、樹齢は4700年を超えるという。その曲がりくねった姿と幾重にもよじれた裸の枝は、カリフォルニアのホワイト・マウンテンの奇怪な景色の象徴となっている。標高3000mを超えるこの地の冬は長くて厳しく、夏は反対にカラカラに乾燥し、灼熱の砂漠のように暑い。だがブリスルコーンパインがこんなに長生きなのは、じつはこの苛酷な生活条件のおかげである。生きのびるためにできるだけ遅く生長し、針状の葉を10年ほどもたせてから新しい葉ととりかえる。あるいは、運よく樹皮に隠れているわずかな枝をたよりに生きる。樹皮が木の命をまもっているのだ。

⇧ *Pinus longaeva*
自然に皮がむけた幹。古代松の森。古老林。カリフォルニア（アメリカ合衆国）

⇧ *Pinus longaeva* 古代松の森。シュールマン林。カリフォルニア（アメリカ合衆国）

［マツ科 Pinaceae］
マツ

マツ属の木は針葉樹のなかで最も種類に富み、樹皮のうろこの形も色もじつにさまざまだ。約100種が北半球に（おもにカリフォルニアからメキシコにかけて）自然に分布しているが、南半球でも植栽されたマツがいたるところにみられる。おもに木材と樹脂が利用され、なかには種子が食用にされるものもある。マツ科のある種（*P. longaeva*）は樹齢数千年を数え、人類にとって古老のような存在だ。

❶ *Pinus pinaster*
ジェネラルグ（フランス）

❷ *Pinus strobus*
キュー植物園。リッチモンド（イギリス）

❸ *Pinus ponderosa*
シェラネバダ。カリフォルニア（アメリカ合衆国）

❹ *Pinus pinea*
ニース（フランス）

❺ *Pinus laricio*
コルシカ（フランス）

❻ *Pinus densiflora*
ヒリアー・ガーデンズ。アンプフィールド（イギリス）

❼ *Pinus halepensis*
サンジャン・キャップ・フェラ（フランス）

❽ *Pinus sylvestris*
ラ・マルトル（フランス）

❾ *Pinus wallichiana*
ウェイクハースト・プレイス。アーディングリ（イギリス）

❿ *Pinus jeffreyi*
シェラネバダ。カリフォルニア（アメリカ合衆国）

⓫ *Pinus bungeana*
リヨン市植物園（フランス）

⓬ *Pinus contorta*
シェラネバダ。カリフォルニア（アメリカ合衆国）

⓫ ⓬

⑥ ⑦ ⑧ ⑨ ⑩

[マメ科 Fabaceae]
ブルーパロベルデ
Parkinsonia florida

パーキンソニア属は約12種からなり、アフリカやアメリカの半乾燥地帯を原産地とする。この属名は17世紀の有名なイギリスの本草学者、ジョン・パーキンソンにちなんだものだ。アメリカ原産の種の大部分はパロベルデと呼ばれているが、これはスペイン語で「緑の枝」を意味し、樹皮が緑色であることをさしている。ここにあげたブルーパロベルデは、暑さがきびしくなると青緑の細かい葉を落とし、葉緑素をふくむ樹皮で光合成をおこなう。春には垂れ下がった枝いっぱいに花がつき、木全体が一個の大きな黄色い球のようになって、アメリカ合衆国南西部からメキシコ北部まで広がる砂漠の風景をあかるく輝かせる。実は食べられる。生の豆はグリーンピースのような味がする。先住民はこれを乾かし、粉に挽いていた。

⇦ *Parkinsonia florida*
パームデザート。カリフォルニア（アメリカ合衆国）

⇨ *Parkinsonia florida*
ザ・リビングデザート。パームデザート。
カリフォルニア（アメリカ合衆国）

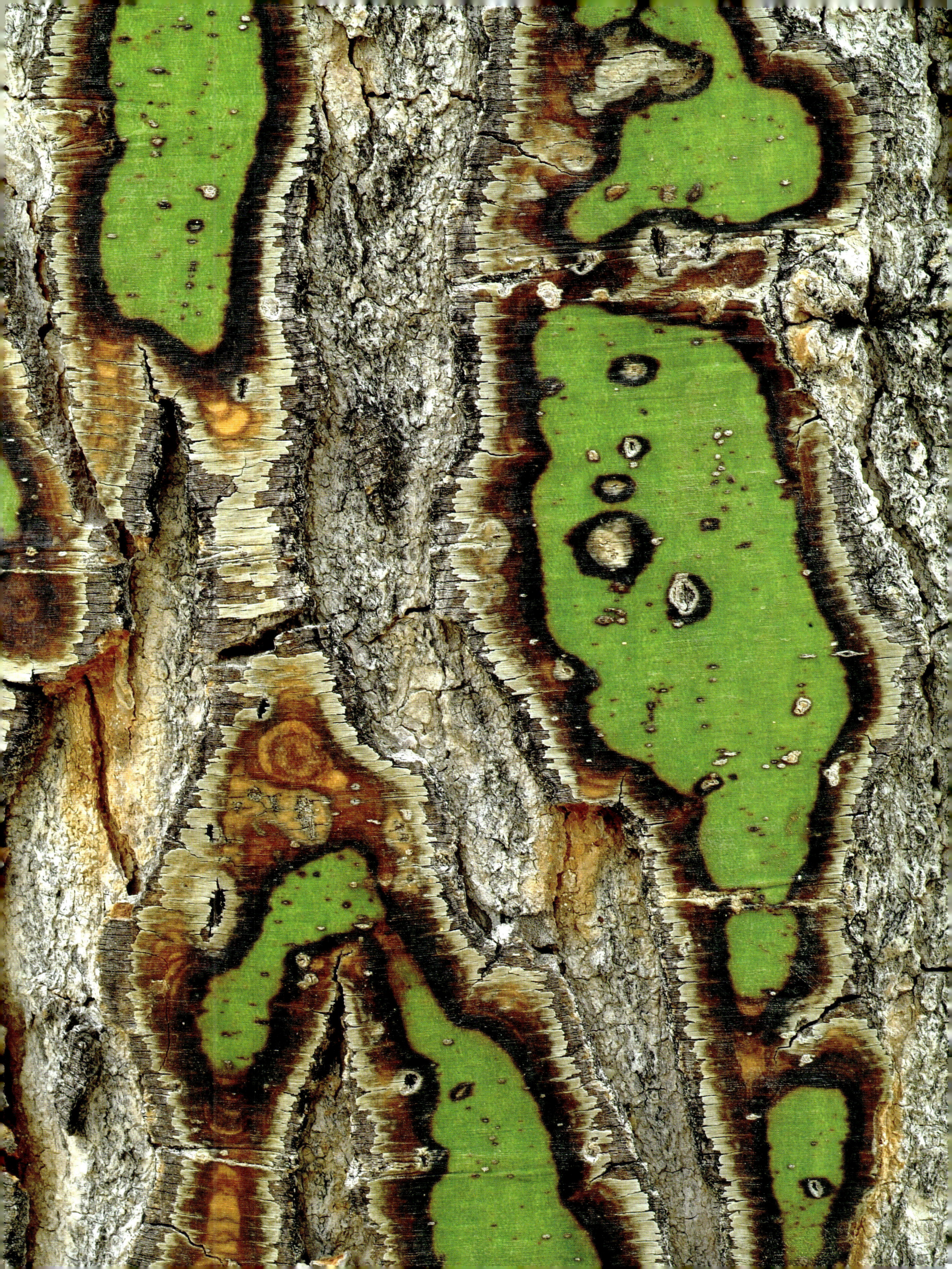

[フーキエリア科 Fouquieriaceae]

オコティージョ
Fouquieria splendens

オコティージョは一見したところ、年中生気のない棘だらけの灌木にみえる。けれども近づいてよく見ると、縦に割れた樹皮のあいだから黄緑色の光合成組織がのぞいている。乾期に葉が落ちたあと、ここで光合成をおこなう。大きい木は高さ10mに達し、根もとから約50本もの枝が広がる。棘のある枝はしばしば囲いの杭としてつかわれる。かんたんに根付くので、そのままにしておくと生垣になる。春にはミツバチの群がる赤い花がたくさん咲いて、アメリカ合衆国南西部からメキシコ北部にわたる砂漠の風景を明るくいろどる。オコティージョは薬用植物で、先住民に利用されてきた。フーキエリアという属名は、二人のフランス王、シャルル10世とルイ・フィリップ1世の侍医をつとめたピエール・エロワ・フーキエに捧げられている。

⇦
⇨ *Fouquieria splendens*
ジョシュアツリー国立公園。
カリフォルニア（アメリカ合衆国）

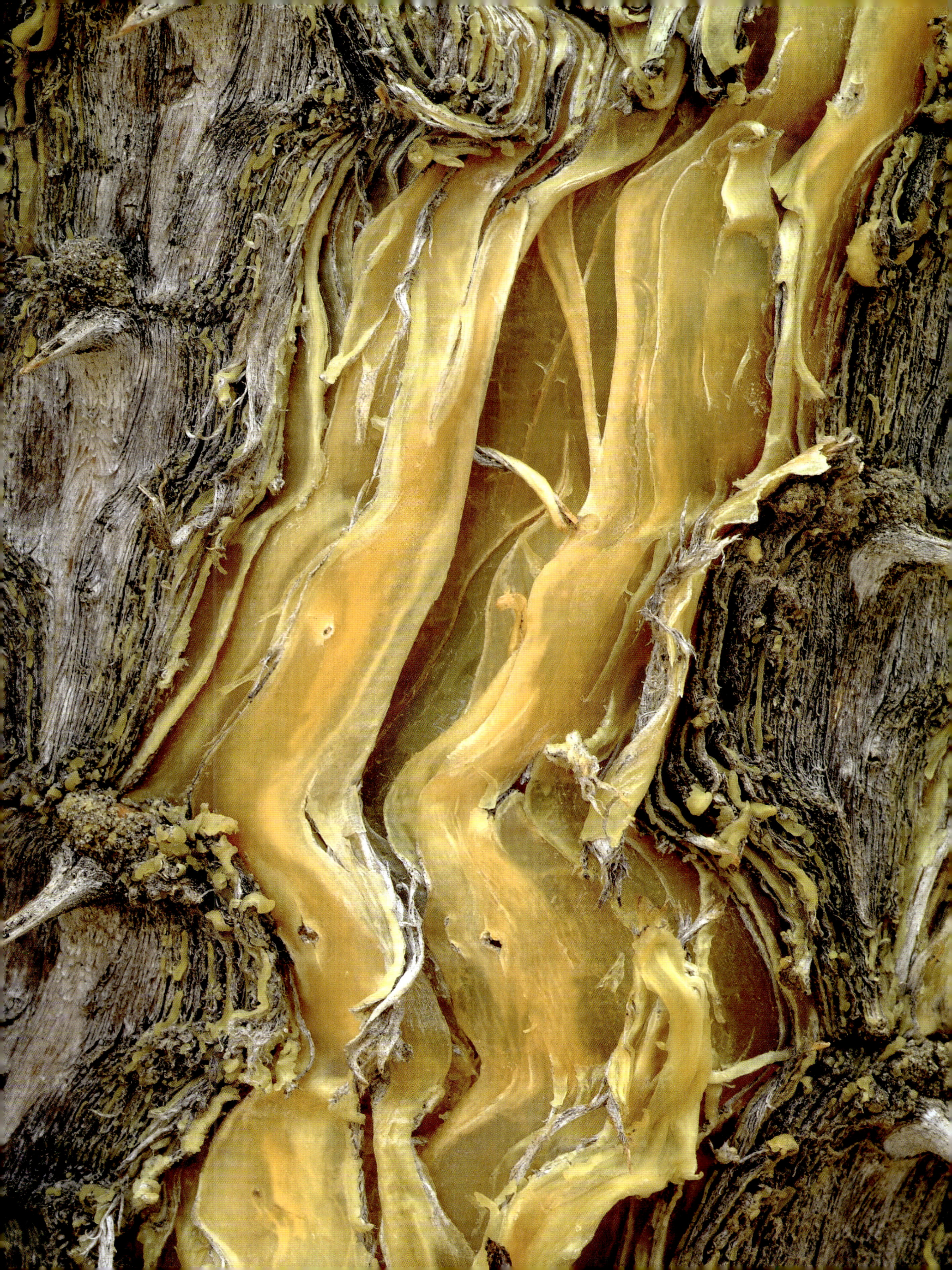

⇧ *Washingtonia robusta* マラガ(スペイン)

[ヤシ科 Arecaceae]
ワシントンヤシモドキ（別オキナヤシモドキ）
Washingtonia robusta

世界中の亜熱帯地域の町々に植えられているワシントンヤシモドキは、すらりと背の高いヤシで、メキシコの北西端、バハ・カリフォルニア州の渓谷や峡谷が原産地である。頭を太陽に向け、足を水に浸したこの植物は、生長がはやく、すぐに30mを超えてしまう。アメリカ原産の種（ワシントンヤシ *W. filifera*）のほうが頑丈で、もっとずんぐりしている。自然の状態にしておくと、枯れた葉が幹に付いたまま古くなっていくので、幹がスカートをはいたようにみえる。葉を切り落とすと、重なり合った葉柄がえがく斜め格子の模様があらわれる。さらに掃除をすすめると、幹の色は頭頂部に近づくほど赤みをおびてくる。ワシントニアという属名は、アメリカ独立戦争の英雄でアメリカ合衆国初代大統領となったジョージ・ワシントンに敬意をあらわしたもの。

⇧ *Washingtonia robusta* 葉の基部にみられる繊維の波形模様。ニース（フランス）

⇧ *Washingtonia filifera*
自生地のワシントンヤシ。パーム・キャニオン。カリフォルニア（アメリカ合衆国）

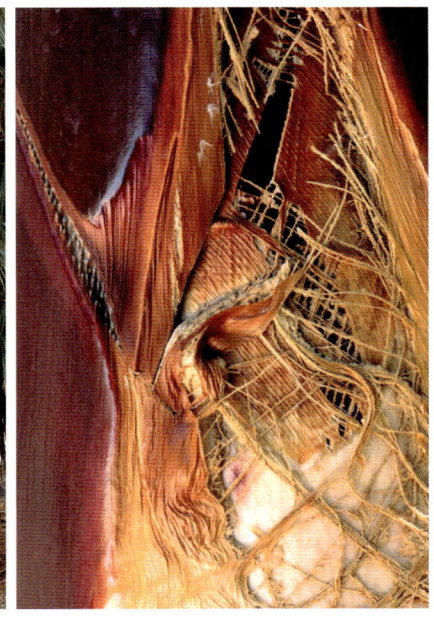

⇧ *Washingtonia robusta*
ニース（フランス）

⇧ ⇒ *Nolina longifolia*
深い亀裂の入った樹皮。マドンナ温室庭園。マントン（フランス）

［リュウゼツラン科 Nolinaceae］

ノリナ（仏長い葉のノリナ）

Nolina longifolia

この優雅な木生ノリナは、メキシコ中部や南部（とくにオアハカ州）の熱帯性気候を好む。しかし寒さにもよく耐える。事実、フランスのコート・ダジュールの庭園にある樹齢100年以上のノリナは、幾度となく厳しい冬を乗りこえてきた。長い葉のノリナは2mにもおよぶ帯状の細長い葉が特徴的だ（ロンギフォリアとは「長い葉」という意味）。この葉はしなやかで編みやすいので、籠の材料として、またメキシコの家の屋根葺き材としてつかわれている。樹皮はコルク質で深い亀裂が入り、幹はずんぐりしている。ノリナ属は約30種の植物からなる。ノリナという属名はフランスの農学者で園芸関係の著作もあるP.C.ノラン［Nolin］に捧げられている。

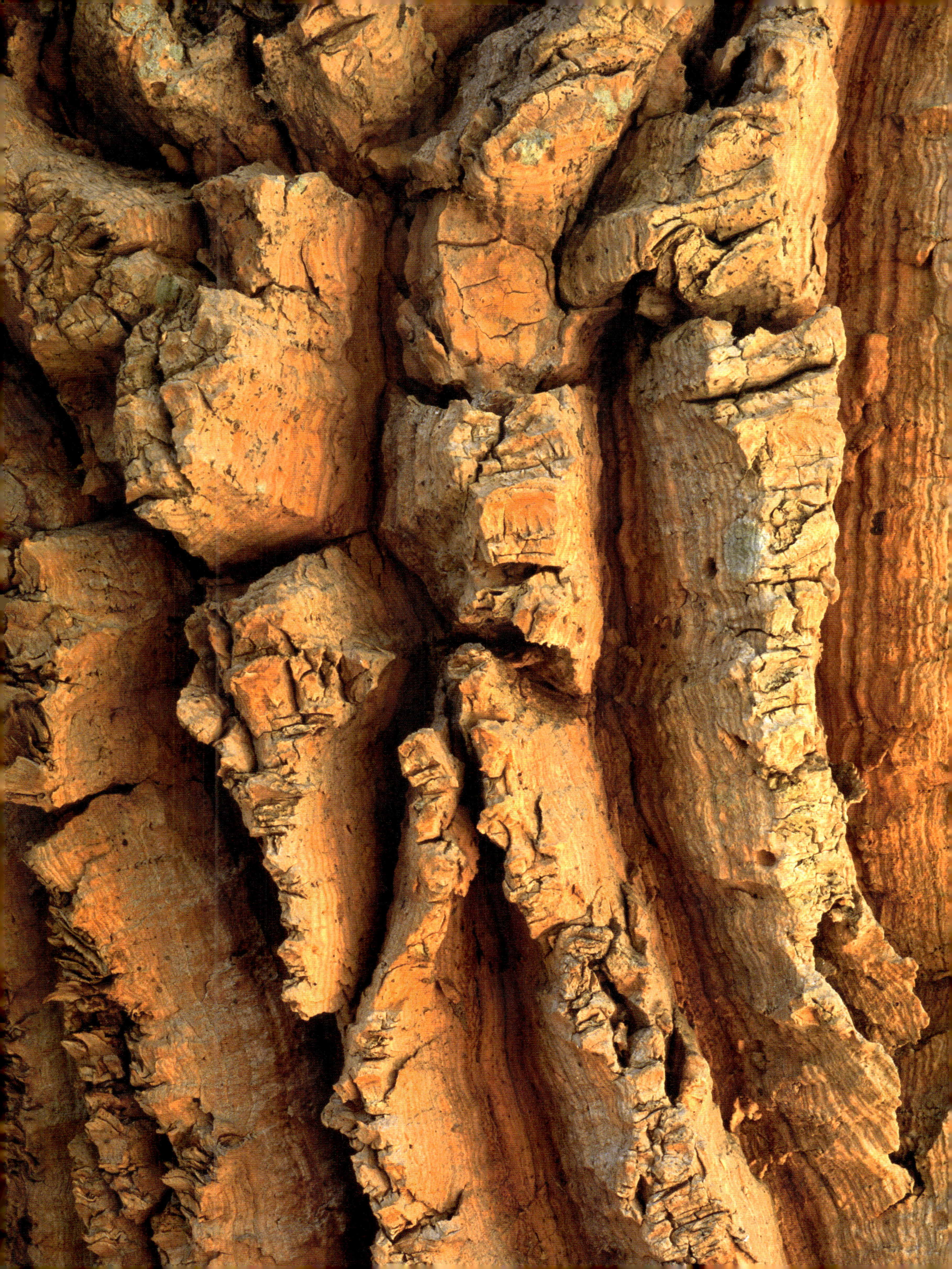

［ネムノキ科 Mimosaceae］
アリアカシア（仏雄牛の角のアカシア）
Acacia sphaerocephala（syn.*Vachellia sphaerostachya*）

アカシア属はおよそ1350種からなり、南北回帰線にはさまれた熱帯地方（とくにオーストラリアとアフリカ）に分布している。最近、一部の専門家が、オーストラリア産の種だけをアカシア属とし、他の大陸産の種には似て非なる属名をあたえることを決めた。それによるとアリアカシアの新学名はヴァケリア・スファエロスタキアという。けれどもアカシア属とする従来の見解を好む人は少なくない。多くの植物と同じく、アカシアもその葉が動物の食べ物となる。これに対して一部のアカシアは、食べられすぎて自分の身が危うくならないように防衛策を講じてきた。ここにあげた中央アメリカ原産のアリアカシアもそのひとつで、アリのコロニーと完全に共生して生きている。このアリはアカシア蟻［学名*Pseudomyrmex*「蟻まがい」「蟻もどき」といった意味］と呼ばれ、アリアカシアなしでは生きられない。アリアカシアは蟻たちに住まいと食べ物を提供する。「雄牛の角」形の肥大化した棘がアリたちの住居だ。花の蜜と、葉先につく「ベルティアン体」とよばれる小さな粒（脂質とタンパク質に富む）も好きなだけ食べてよい。そのかわり、アリたちはアリアカシアの幹をたえずパトロールしてまわり、時おり攻撃をしかけてくる動物や植物から木を守るのだ。

⇦
⇨ *Acacia sphaerocephala*
サンジャン・キャップ・フェラ（フランス）

⇧ *Acacia xanthophloea*
クルーガー国立公園（南アフリカ）

⇧ *Acacia cyperophylla* var. *cyperophylla*
ガスコイン川。オーストラリア西部（オーストラリア）

⇧ *Acacia karoo*
フェニックス公園。ニース（フランス）

⇧ *Acacia origena*
ハジャラ（イエメン）

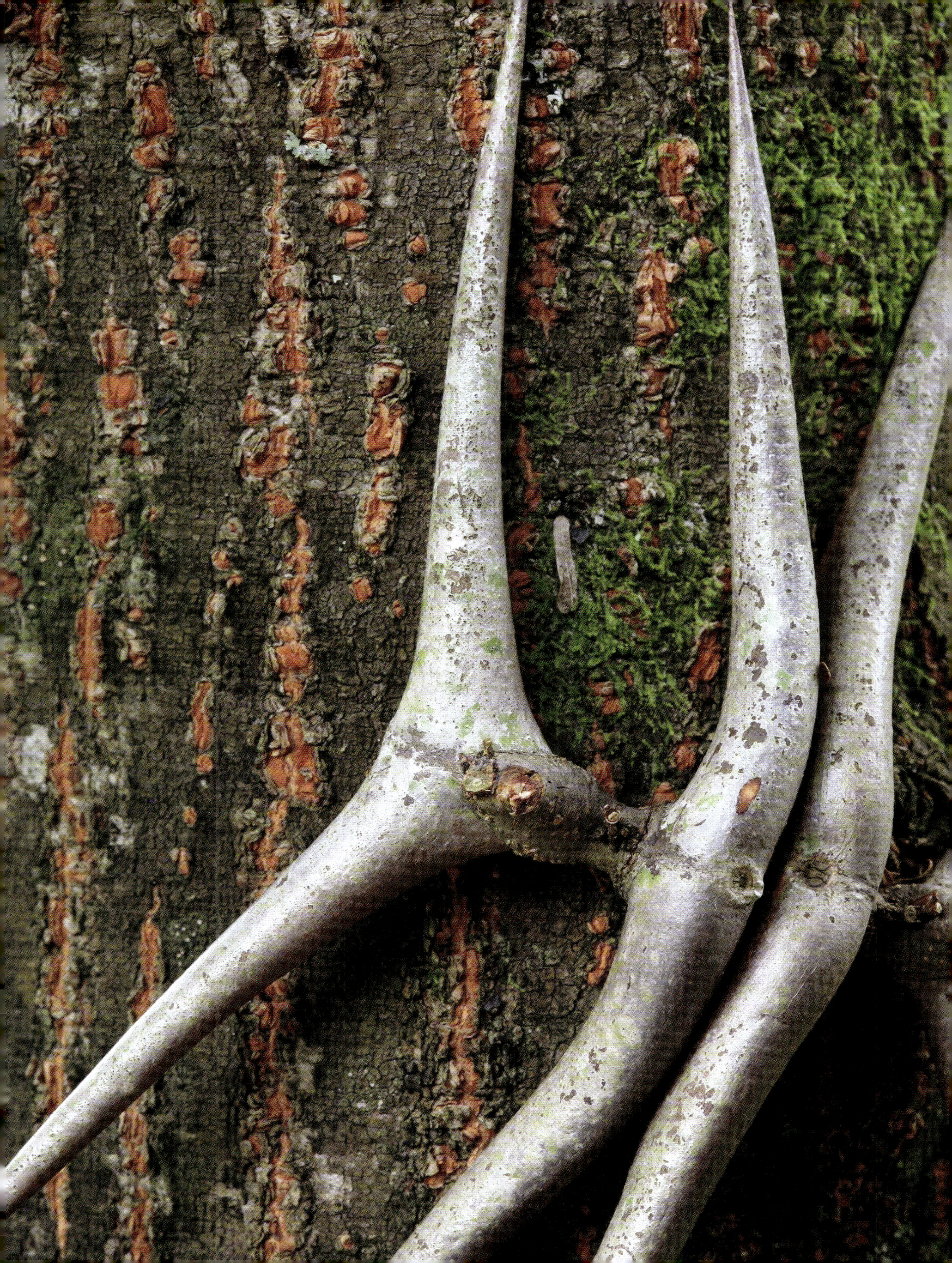

⇧ *Psidium guajava*
ラ・コンセプシオン植物園。マラガ（スペイン）

⇧ *Psidium guineense*
フェニックス公園。ニース（フランス）

［フトモモ科 Myrtaceae］
グァバ（別バンジロウ）
Psidium guajava

グァバはメキシコ南部と中央アメリカ原産の低木だ。すべての熱帯で広く栽培され、増えすぎて問題になることもある。グァバの実はビタミンと微量元素［ヨウ素、フッ素、亜鉛、銅、マグネシウムなど］に富み、生で食べたり、ジャムやゼリーに加工したりする。グァバの木はどの部分も薬効がある。葉と樹皮は糖尿病、下痢、胃腸炎、癌に効くことがわかっている。樹皮はタンニンを非常に多くふくむので、中央アメリカでは皮をなめすのにつかわれる。一方、香りのよい葉からは黒い染料がとれ、東南アジアではこれをつかってさまざまな布を染めている。

⇧ *Psidium guajava*
ラ・コンセプシオン植物園。マラガ（スペイン）

[パパイア科 Caricaceae]
パパイア
Carica papaya

パパイアはメキシコ南部から南アメリカ北部にかけて自生するほか、あらゆる熱帯地方に普及し、栽培されている。パパイアの実はビタミンに富み、野菜として食べたり、生の実にレモン汁をかけて食べたりする。まだ青い実をしぼって得られる乳液には、パパインとよばれるタンパク質分解酵素が豊富にふくまれている。このことを利用して、アメリカ先住民は大昔から肉をパパイアの葉でくるんで柔らかくしていた。パパインは消化や傷口の治癒を助け、神経系に働きかける。種は辛みがあり、粉に挽いてコショウ代わりにつかわれる。

⇧葉痕がそのまま残っている。
⇦*Carica papaya* アンボシトラ(マダガスカル)

幹生花植物 (Cauliflorie)

木本の花は、その年に出た枝か、葉のついた若枝につくことが多い。しかし幹生花植物では、花は幹またはいくらか年をとった主枝に直接つく［このような花を幹生花、その実を幹生果という］。これによって交雑受粉と、種の散布が容易になるらしい。幹生花は典型的な熱帯の現象で、100種を超える植物にみられる。なかでもカカオノキ（*Theobroma*）、フクベノキ（*Crescentia*）、パンノキ（*Artocarpus*）が有名だ。

❶ *Phyllarthron* sp.
  キリンディーの森（マダガスカル）
❷ *Cercis siliquastrum*
  フェニックス公園。ニース（フランス）
❸ *Saraca palembanica*
  ケブン・ラヤ・ボゴル（インドネシア）
❹ *Parmentiera cerifera*
  ケブン・ラヤ・ボゴル（インドネシア）
❺ *Ficus racemosa*
  モンゴメリー植物センター。コーラルゲイブルス（アメリカ合衆国）
❻ *Averrhoa bilimbi*
  ギフォード樹木園。マイアミ大学（アメリカ合衆国）
❼ *Diospyros cauliflora*
  ケブン・ラヤ・ボゴル（インドネシア）
❽ *Ceratonia siliqua*
  ニース（フランス）
❾ *Ficus heteropoda*
  ケブン・ラヤ・ボゴル（インドネシア）
❿ *Theobroma cacao*
  チオマス・ボゴル（インドネシア）
⓫ *Artocarpus heterophyllus*
  ルンピン（インドネシア）
⓬ *Crescentia cujete*
  果物とスパイスの公園。ホームステッド（アメリカ合衆国）

⓫   ⓬

⑥   ⑦   ⑧   ⑨   ⑩

[アオイ科 Malvaceae]
シェービングブラシツリー（仏 ひげ剃りブラシの木）
Pseudobombax ellipticum

シェービングブラシツリーはメキシコ南部、グァテマラ、エルサルバドル、ホンデュラスの原産だが、今ではアメリカの熱帯全域に帰化している。この木は冬、葉が落ちたあとに、品種によってピンクか白の花をつける。土地の人は繊細な花が咲いたその枝を家や教会の室内に飾る。花の正体は長さ10センチを超える優美なおしべの束で、それがひげ剃りブラシを思わせることからこの名がついた。エルサルバドルでは、この花をベースにしたお茶を胃腸炎の薬として飲む。シェービングブラシツリーはカポックノキと同じく、かつてはパンヤ科とよばれるグループに分類されていた。このグループの一部の植物は、実に絹のような手触りの繊維がつまっており、枕やマットレスの詰め物として、あるいは冷蔵庫の断熱材としてつかわれる。シェービングブラシツリーの木材は加工しやすいので、地元の職人はこれを使ってさまざまな日用品をつくっている。

⇦ ⇧ *Pseudobombax ellipticum*
モンゴメリー植物センター。コーラルゲイブルス。フロリダ（アメリカ合衆国）

⇨ *Pseudobombax ellipticum*
肥大化した幹の基部のうろこ模様。
エタブリスマン・クウェンツ。フレジュ（フランス）

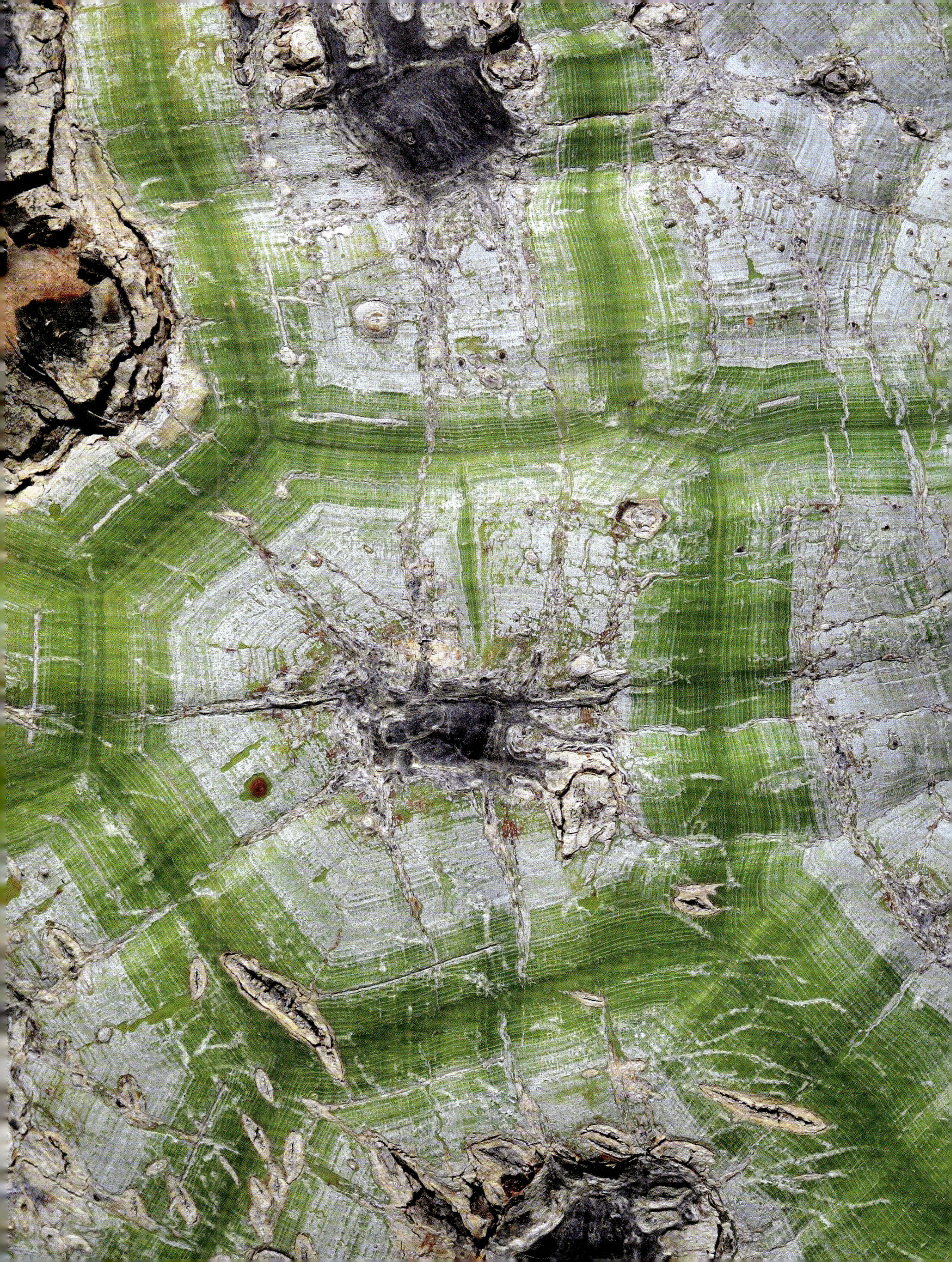

[アオイ科 Malvaceae]
カポックノキ
Ceiba pentandra

セイバ属（最近ではコリシア属も含まれる）の多くは樹皮が緑色で、一面に棘が生えている。そのなかで最も威厳があるのはカポックノキだ。古代マヤ人にとって、カポックノキは地下界と地上界と天界をつなぐ神聖な世界樹だった。この木はカリブ海地方、中央アメリカ、南アメリカの原産だが、今では地球上のすべての熱帯地方で植栽されている。薬木で、さまざまな病気に効能がある。実はバナナの形をしており、なかにはカポックとよばれる繊維がつまっている。カポックは軽くて水を通さず、腐らず、断熱性があるため、マットレスや救命胴着の詰め物として、あるいは断熱材としてつかわれてきた。種にはサポニンがふくまれ、天然のせっけんとして使える。「セイバ」とは、かつて大アンティル諸島に住んでいたアメリカ先住民、タイノ族がこの木にあたえた呼び名だ。現在では、プエルトリコとグァテマラのシンボルツリーになっている。

⇧ *Ceiba aesculifolia*
モンゴメリー植物センター。コーラルゲイブルス。フロリダ（アメリカ合衆国）

⇧ *Ceiba insignis*
ビン形の幹。エキゾチック庭園（モナコ）

⇨ *Ceiba pentandra* の頑丈な幹。ケブン・ラヤ・ボゴル。西ジャワ（インドネシア）

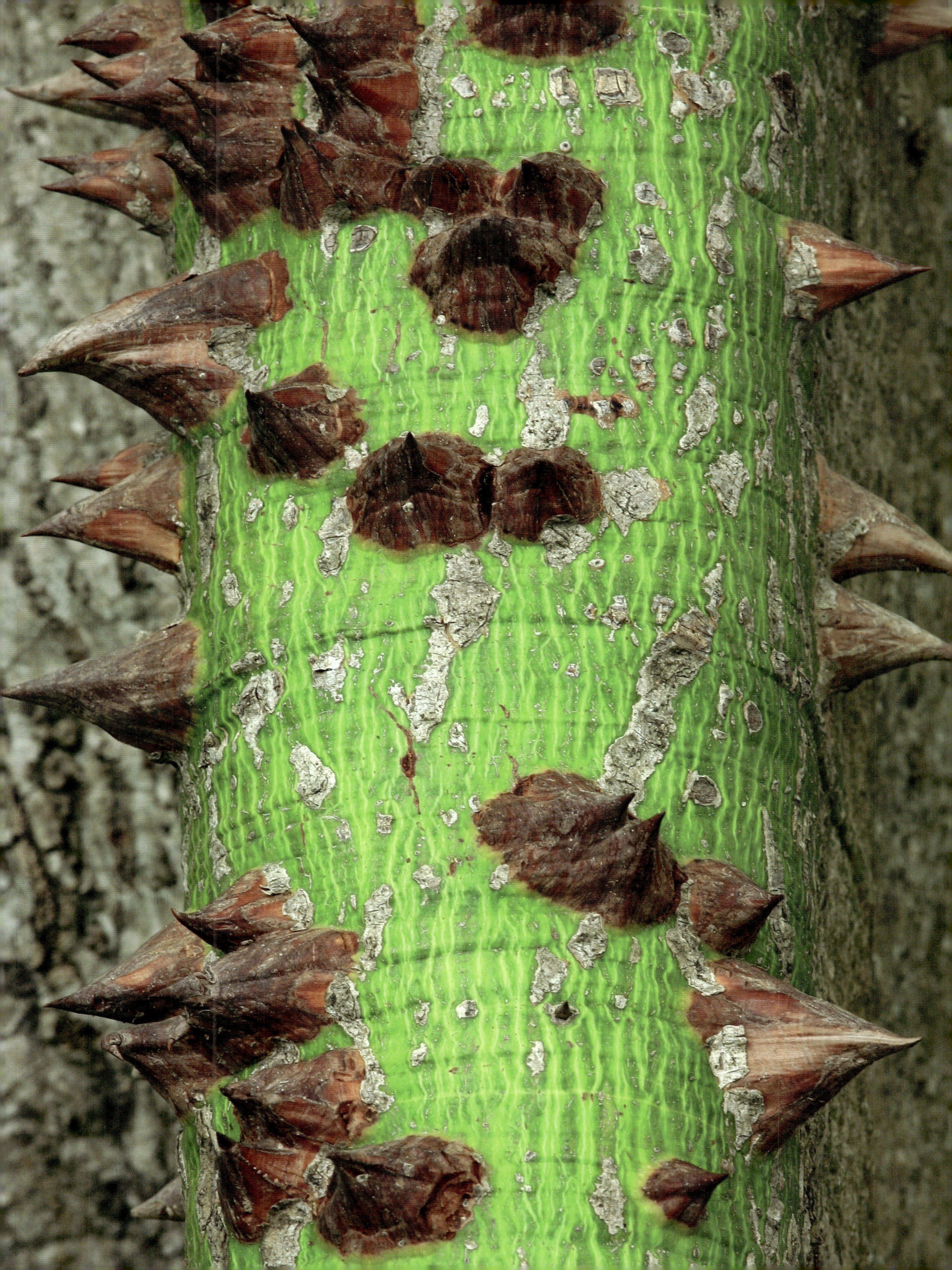

[ハマビシ科 Zygophyllaceae]

ユソウボク
Guaiacum officinale

ユソウボク（癒瘡木）はメキシコ湾とカリブ海の沿岸地方を原産地とする。その高価な黒い木材は世界で最も重い木材のひとつで、すり鉢、木槌、裁判用の木槌の材料としてつかわれ、長いあいだ船の滑車にも利用されてきた（耐久性があり、摩擦によって滑らかになるため）。残念なことに、今ではほとんどのカリブ海沿岸地方で絶滅の危機に瀕している。種小名オフィチナーレはラテン語で「薬用の」という意味。ヨーロッパには、「パロ・サンクタ（*Palo sanca*：神聖木）」、「リグヌム・ヴィタエ（*Lignum vitae*：命の木）」の名で、16世紀のはじめにスペイン人によって持ち込まれた。どの部分も薬用になるが、とくに心材が梅毒、痛風、リウマチ、皮膚病の治療につかわれる。

⇦ *Guaiacum officinale*
モンゴメリー植物センター。コーラルゲイブルス。フロリダ（アメリカ合衆国）

⇨ *Guaiacum officinale*
フェアチャイルド熱帯植物園。コーラルゲイブルス。フロリダ（アメリカ合衆国）

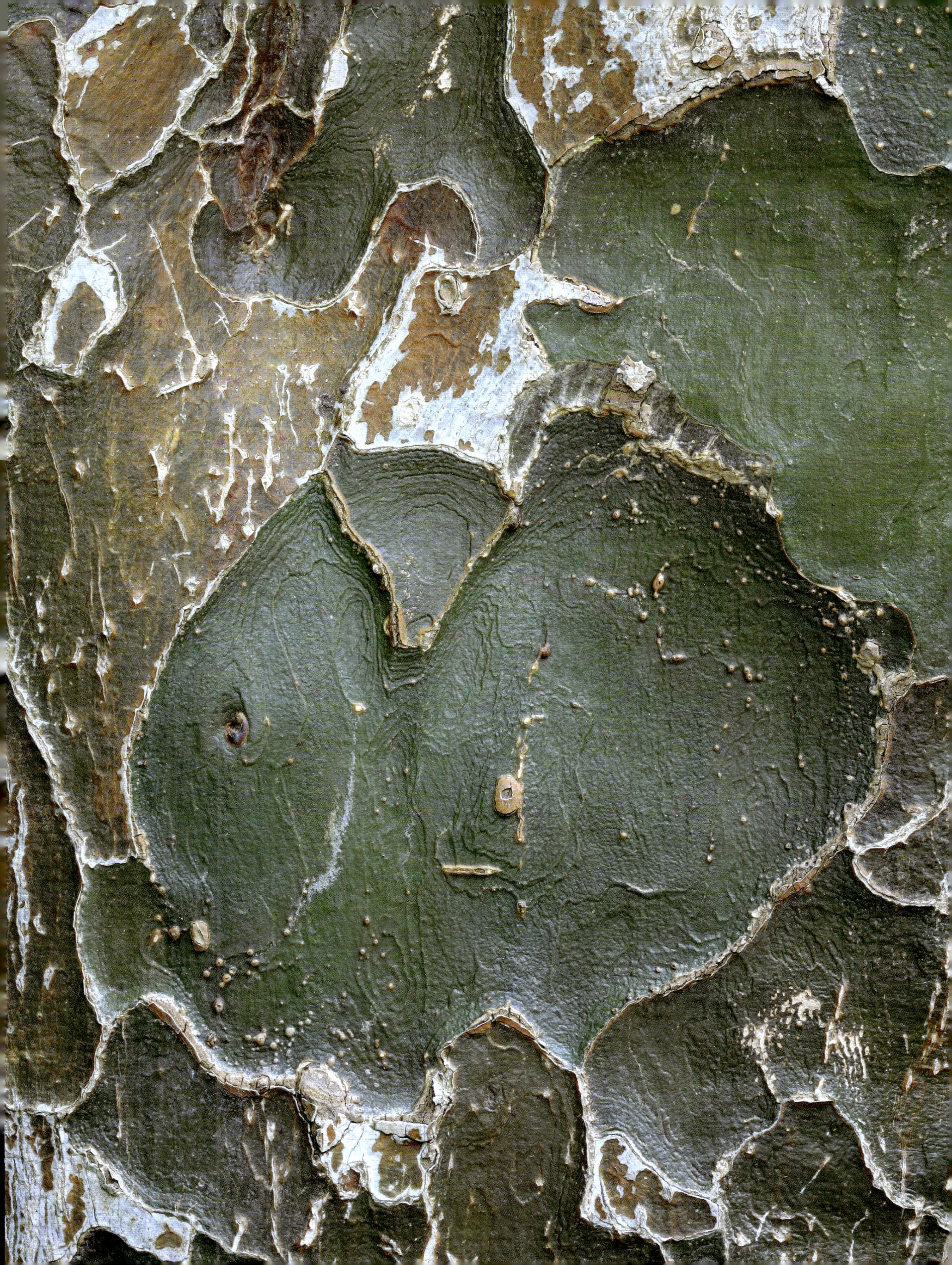

⇧ *Hevea brasiliensis* 早朝のゴム農園。ルンピン。西ジャワ（インドネシア）

[トウダイグサ科 Euphorbiaceae]
パラゴムノキ
Hevea brasiliensis

パラゴムノキは天然ゴムの主要産出源である。原産地はアマゾン川流域だが、19世紀の終わり頃に故郷を遠くはなれ、東南アジアで大量に栽培されるようになった。天然ゴムの原料であるラテックスは、パラゴムノキ以外にも約7500種の植物にふくまれている。コロンブスがやって来る以前のアメリカ文明では、すでにゴムを使って球技用のボールをつくっていた（おそらくバスケットボールの祖先）。パラゴムノキが樹齢5年に達すると、内樹皮まで切り込みを入れる。そこにはラテックスのタンクともいうべき乳液管がたくさん通っているのだ。一本の木から25~30年間にわたって採取するとして、一年につき平均5kgの乾燥ゴムがとれる。この柔らかく弾力のある原料は、人々の日常生活と輸送手段を根底から変えた。天然ゴムはその後輩である合成ゴムとの競争に今でも負けていない（とくに飛行機のタイヤ、外科用手袋、コンドームなど）。

⇧ *Hevea brasiliensis* 切り込まれた皮を流れるラテックス。

天然ゴム：伝統的なラテックス採取法

⇧ *Hevea brasiliensis* ルンピン。西ジャワ（インドネシア）

[バラ科 Rosaceae]
タバキージョ
Polylepis australis

ポリレピス属は通常の樹木限界をはるかに超えて、アンデス山脈の高山草原帯に分布している。花の咲く木本のなかでは、世界で最も高いところに生育する植物だ（世界記録はポリレピス・タラパカナ *P. tarapacana* のボリビアの標高5200m）。「ポリレピス」とは「多くのうろこに覆われた」という意味で、樹皮が何層にも重なったたくさんの薄片でできていることをさしている。この樹皮が寒さと、山火事の熱から木をまもってくれるのだ。タバキージョという通称は、アメリカ先住民がこの樹皮をタバコの巻紙につかっていたことに由来する。タバキージョはポリレピス属のなかで最も南方の種で［種小名アウストラリスは「南方の」という意味］、アルゼンチン北部と中部の山岳地帯に標高3500mまで生えている。だがポリレピスの森は今、過密放牧とたび重なる山火事によって自然な再生をさまたげられ、世界で最も脅威にさらされた生態系のひとつになっている。

⇦ *Polylepis australis*
キュー植物園。ウェイクハースト・プレイス。
アーディングリ（イギリス）

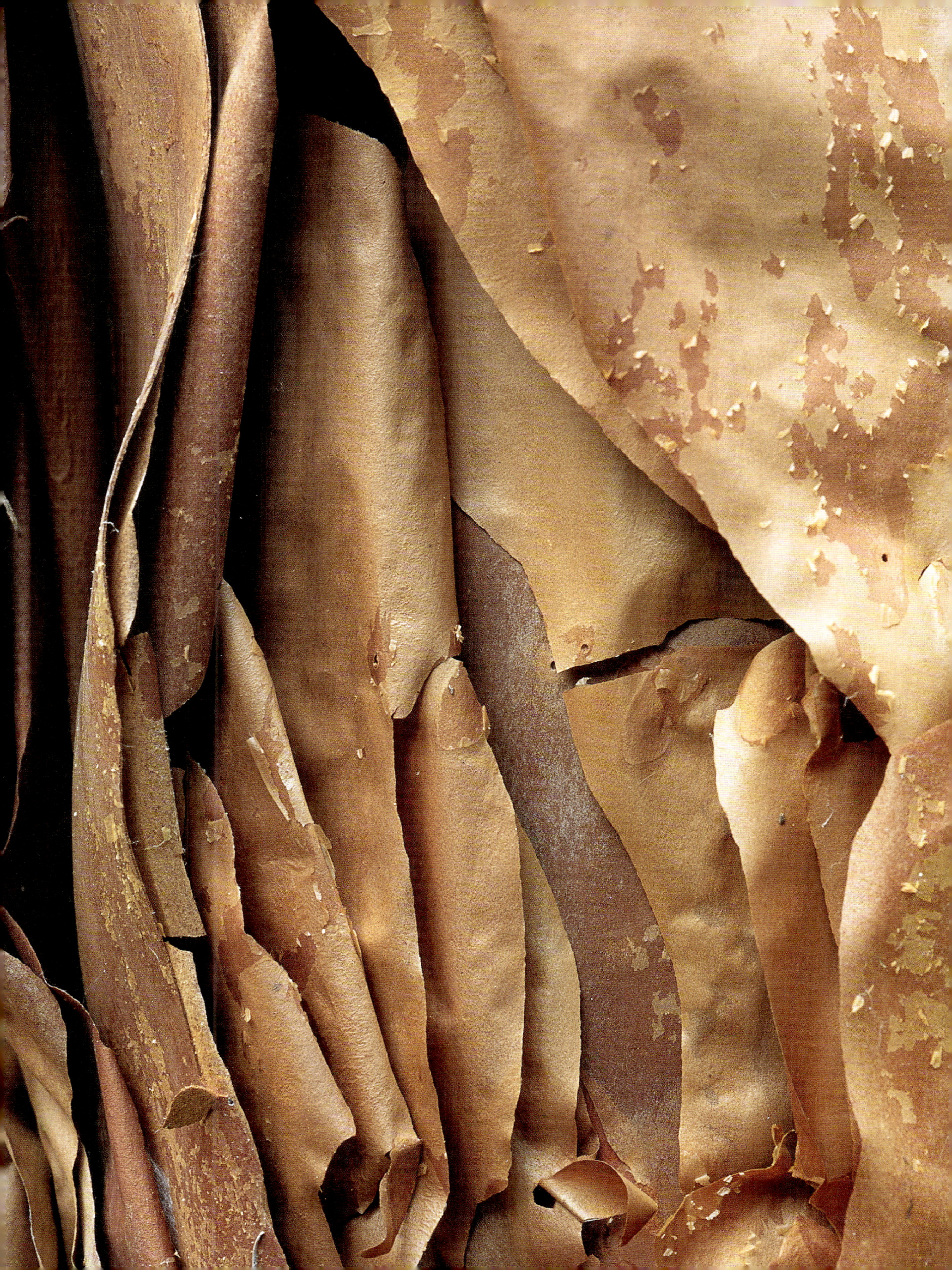

［フトモモ科 Myrtaceae］

マートル（仏チリのマートル）

Myrtus luma

チリのマートルは生長の遅い低木だが、アンデス山脈南部バルディビア地方の温帯雨林の自生地では、樹高が20m近くになることもある。ルマという種小名は、現地の先住民マプチェ族による呼び名「ケルマムル（オレンジ色の木という意味）」からきている。チリのマートルも、地中海のマートル（*Myrtus communis* 和名ギンバイカ）と同じく、薬効のある香りのよい葉をつける。芳香のある白い花が提供する森のハチミツ［森に咲く花から集められたハチミツ］は、チリの人々の大好物だ。液果も甘く、食べられる。多くのフトモモ科の植物と同様、成長した木では驚くべき樹皮が発達する。薄紙のような赤茶色の樹皮が貼りついた幹から、丸っこい形の断片がはがれ落ちると、なかから白い幹肌があらわれるのだ。

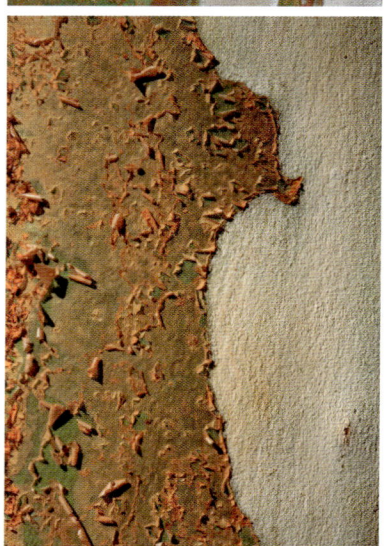

⇧ *Myrtus luma*
サー・ハロルド・ヒリアー庭園。
アンプフィールド（イギリス）

⇦
⇨ *Myrtus luma*
サー・ハロルド・ヒリアー庭園。アンプフィールド（イギリス）

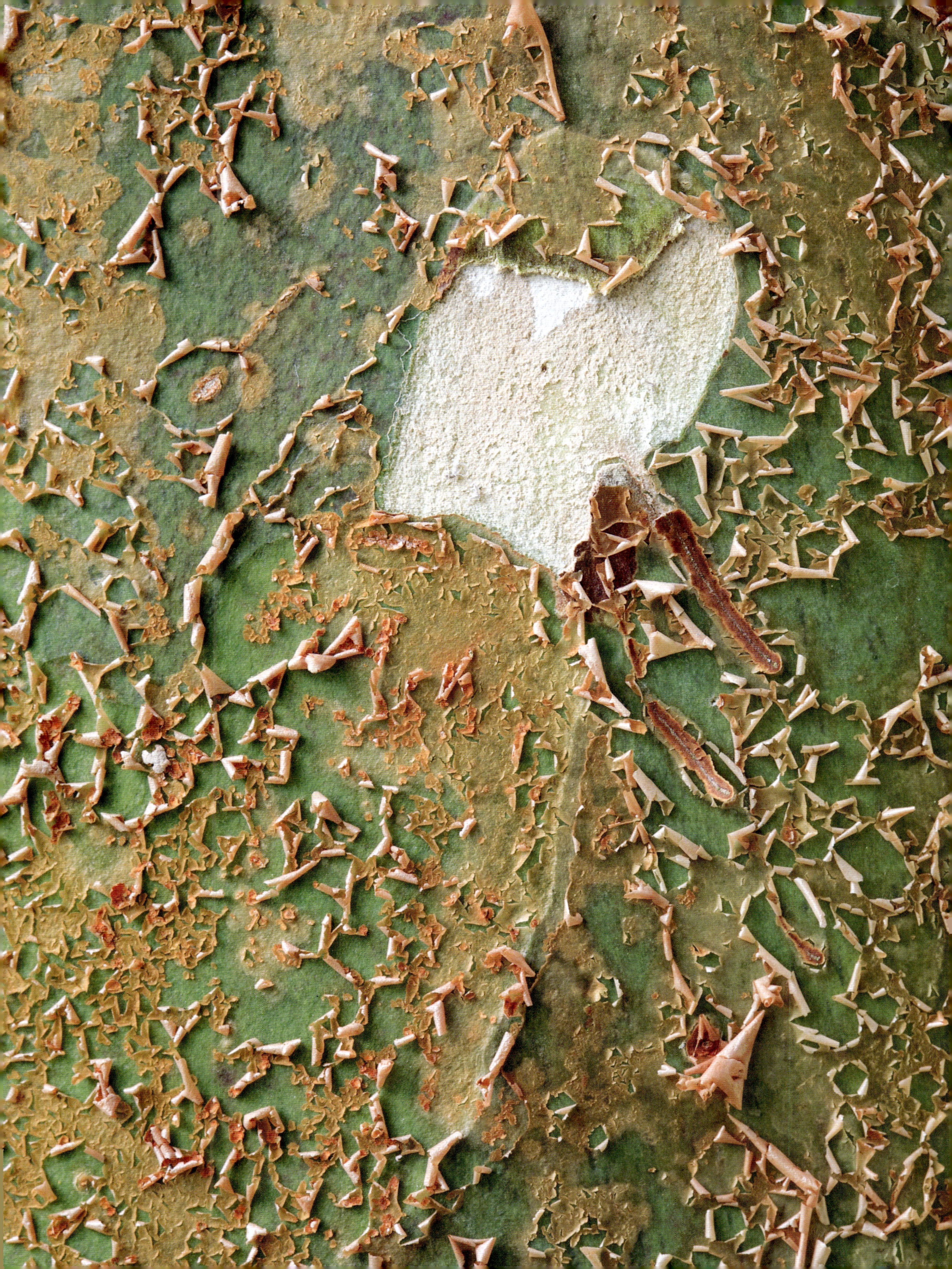

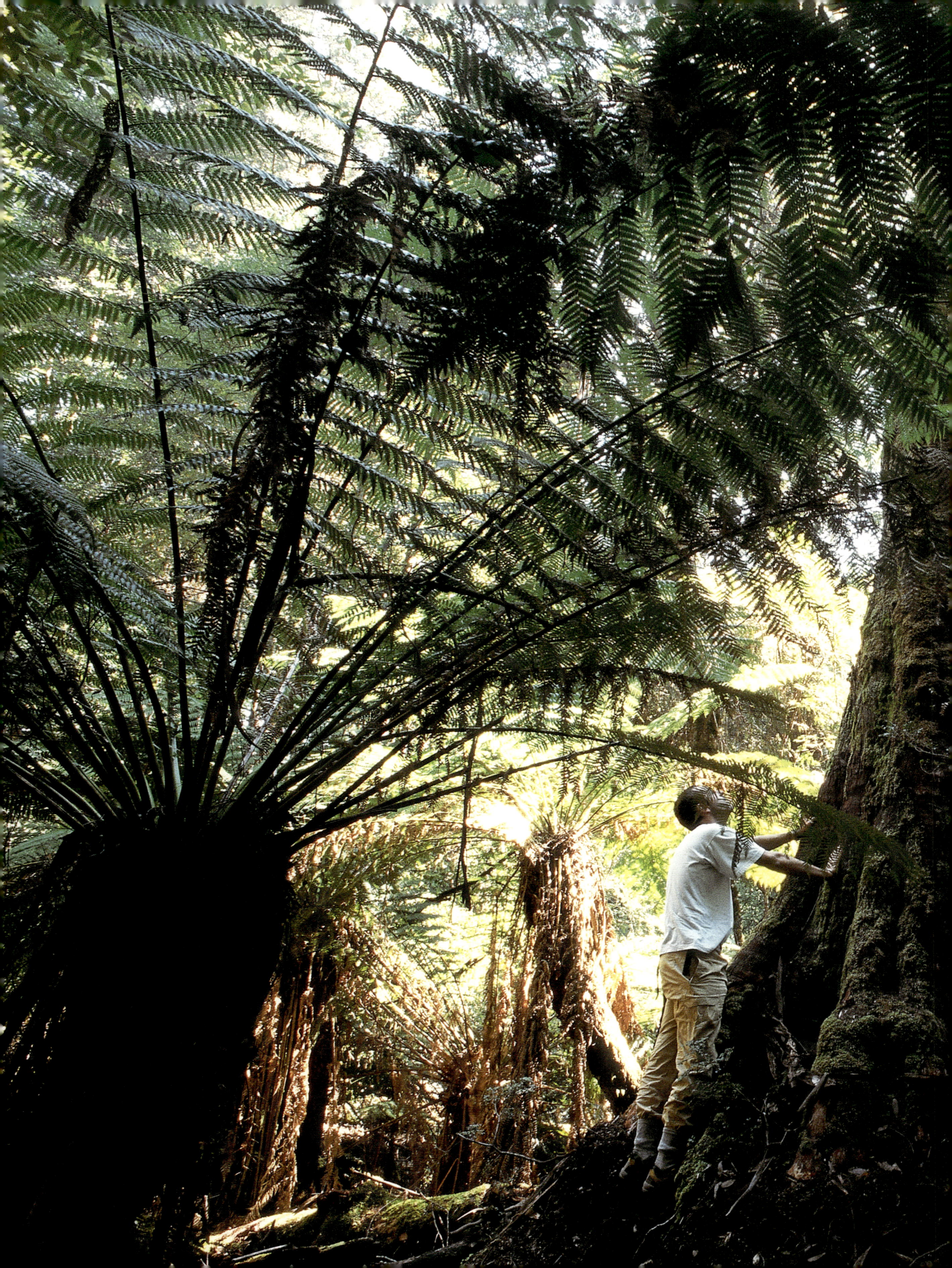

OCEANIA
オセアニア

Eucalyptus regnans
（和名セイタカユーカリ）
「ユーカリの王者」の名にふさわしく、
このユーカリは
樹高が100mに達することもある。
スティックス渓谷大木保護区。
タスマニア（オーストラリア）

[ヘゴ科 Cyatheaceae]
ブラックツリーファーン（仏黒木生シダ）
Cyathea medullaris

木生シダ類は、スタイプ(stipe)とよばれる繊維質の擬似幹を発達させ、大きいものでは地上30m近くに達する。木生シダはおよそ1000種からなり、大きく2つの属、ヘゴ（*Cyathea*）とディックソニア（*Dicksonia*）に分けられる。高温多湿の熱帯性気候と結びつけられることが多いが、種によっては氷点下の気温に耐えるものもある。ここにあげたブラックツリーファーンもそのひとつだ。ニュージーランド、フィジー諸島、ポリネシアの風景を象徴する木で、その独特なスタイプは青黒く、葉柄が落ちたあとの卵形の痕跡に覆われている。種子植物が種子をつくるのに対し、シダ植物は胞子をつくる。属名のキアテアは、「小さな杯」を意味するギリシア語のキュアテイオンからきている。胞子を守っている胞子嚢群（葉の裏にある）の形が杯に似ているためにそう名づけられた。

⇧ *Cyathea intermedia*
ココヤシノキ広場。ヌメア（ニューカレドニア）。

⇧ *Cyathea cooperi*
フェニックス公園。ニース（フランス）

⇦ *Cyathea medullaris*
⇨ 葉痕。ケリケリ（ニュージーランド）

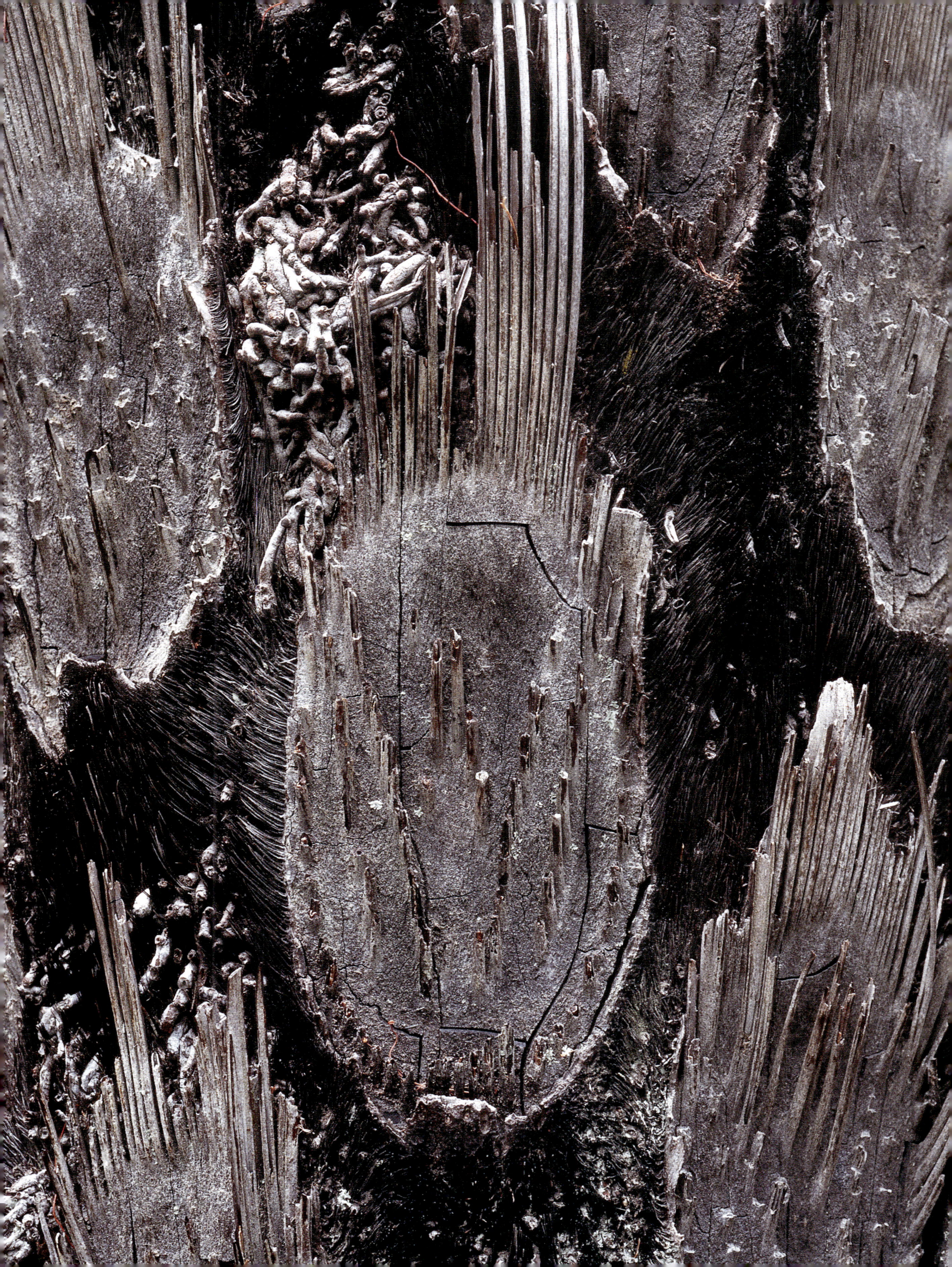

[ナンヨウスギ科 Araucariaceae]

カウリ（仏ニュージーランドカウリ）
Agathis australis

一般にカウリの名でよばれるアガティス属は、今から数千万年前、始新世の頃に地球上にあらわれた原始的な熱帯針葉樹だ。ニュージーランドカウリは先住民マオリから神木として崇められていた。この木は軽く、しなやかで、腐らないことで有名だ。その樹脂［カウリガム］はよく燃えるので、暖をとったり、照らしたりするのにつかわれる。また、上質のニスや装身具の材料にもなる。樹脂を燃やしたあとの煤からとれる粉は、入れ墨の黒い顔料としてつかわれていた。19世紀、ヨーロッパからやって来た入植者たちはこの貴重な天然資源を乱伐した。今ではカウリをふくむ原始林がいくつか保護区として残っているだけである。樹齢千年をこえる古いニュージーランドカウリは、今でもコロマンデル半島やニュージーランド北部（ワイポウア森林保護区）で見ることができる。なかでも有名な「森の王（タネ・マフタ）」は、樹高51m、幹回り14m余りの堂々たる体躯で、カウリの聖域を見守っている。

⇧ ワイポウア森林保護区（ニュージーランド）

⇐ *Agathis australis*
最も有名なカウリ「タネ・マフタ（森の王）」。
ワイポウア森林保護区（ニュージーランド）

⇨ *Agathis australis*
ニュージーランドカウリは、
定期的に樹皮を落とすことによって着生植物を厄介払いしている。
ワイポウア森林保護区（ニュージーランド）

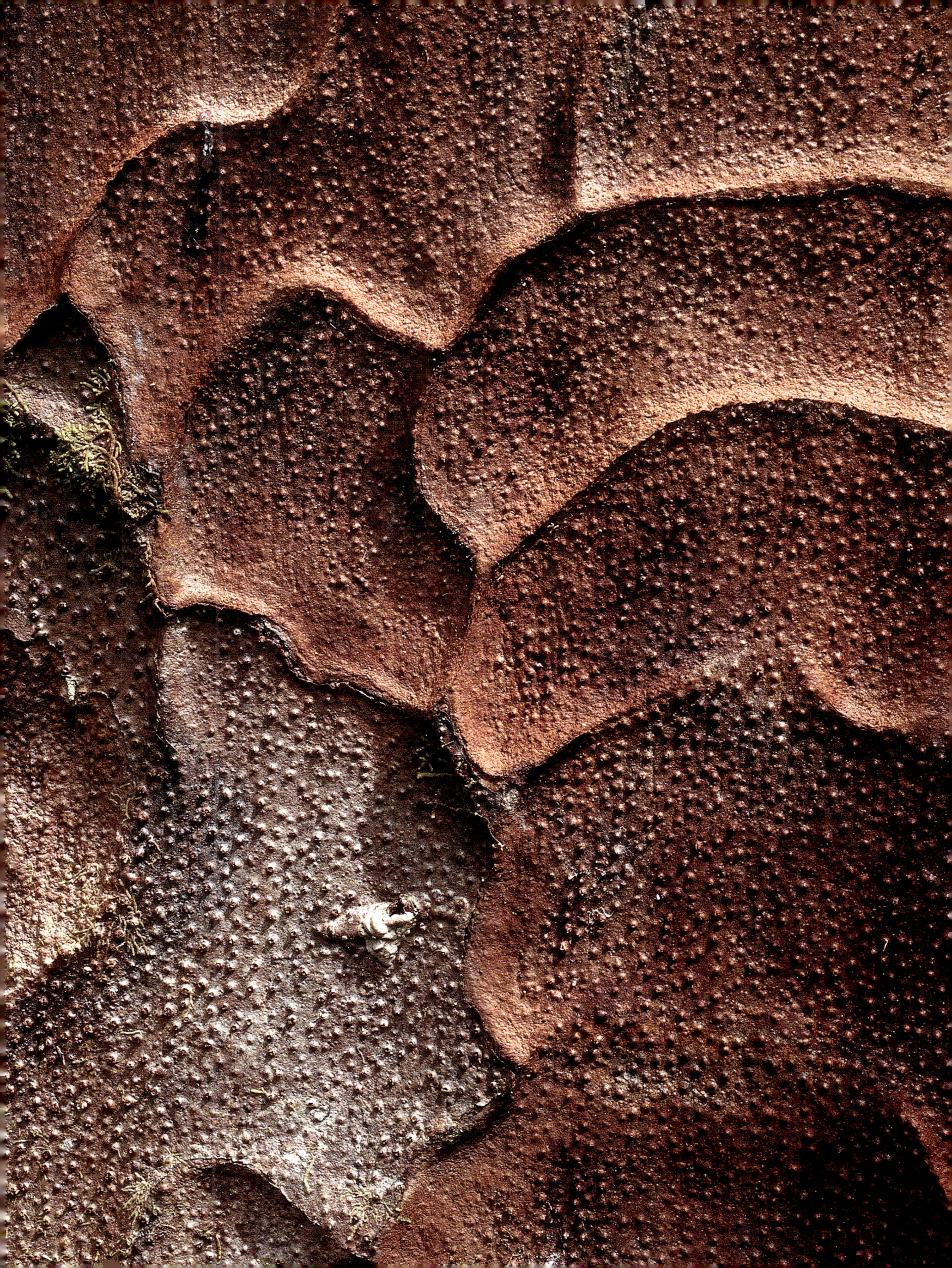

[ナンヨウスギ科 Araucariaceae]

ナンヨウスギ科は3つの属からなり（ナンヨウスギ、アガティス、ウォレミア）、南半球の原始的な針葉樹、約40種を含んでいる。アラウカリアという学名は、ヨロイスギ［英名モンキーパズル。学名 *Araucaria araucana*］が多く生育するチリのアラウコ地方にちなんでつけられた。ニューカレドニアだけでナンヨウスギ科の約半数の種がみられる。大部分はどっしりとした幹の大木で、木材、樹脂（ニス、塗料）、ときには種子（食用）が利用されてきた。

❶ *Agathis robusta*
ヴィジエ公園。ニース（フランス）
❷ *Agathis borneensis*
ケブン・ラヤ・ボゴル（インドネシア）
❸ *Agathis lanceolata*
コギ山（ニューカレドニア）
❹ *Agathis ovata*
ズマック山（ニューカレドニア）
❺ *Wollemia nobilis*
アンナン山植物園（オーストラリア）
❻ *Araucaria hunsteinii*
キュー植物園（イギリス）
❼ *Araucaria heterophylla*
ニース（フランス）
❽ *Araucaria angustifolia*
アンティーブ（フランス）
❾ *Araucaria araucana*
キュー植物園（イギリス）

5

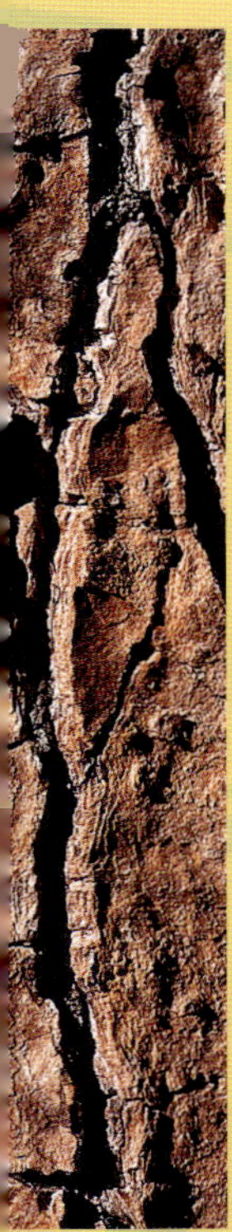

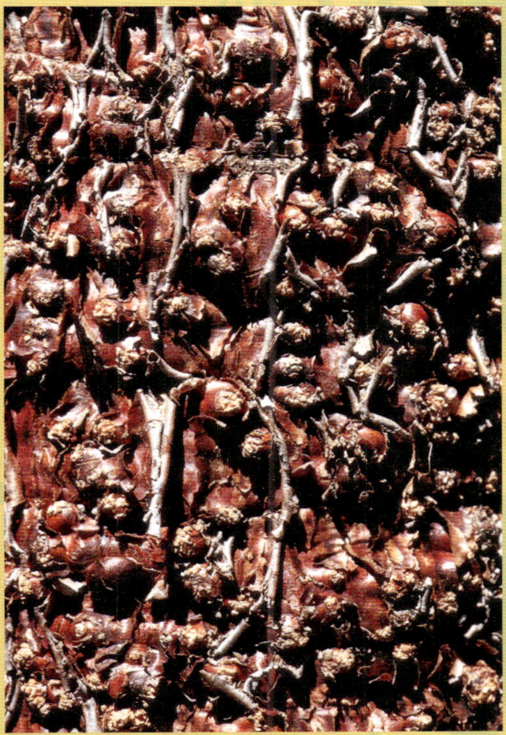

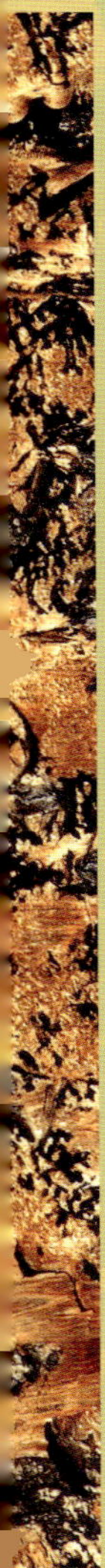

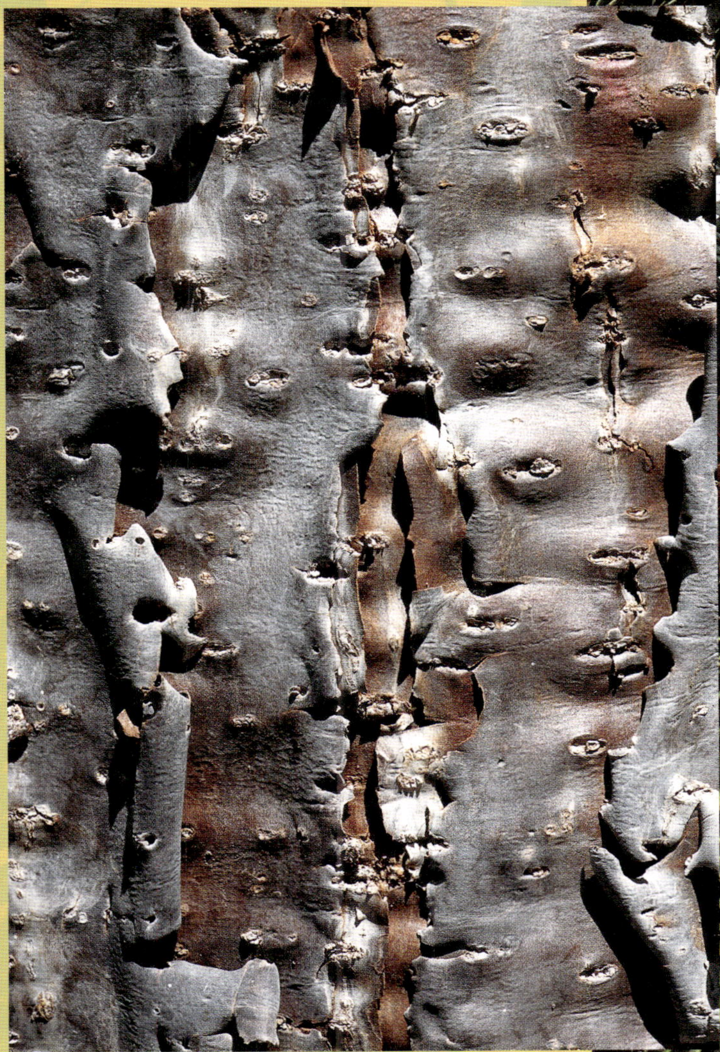

8

9

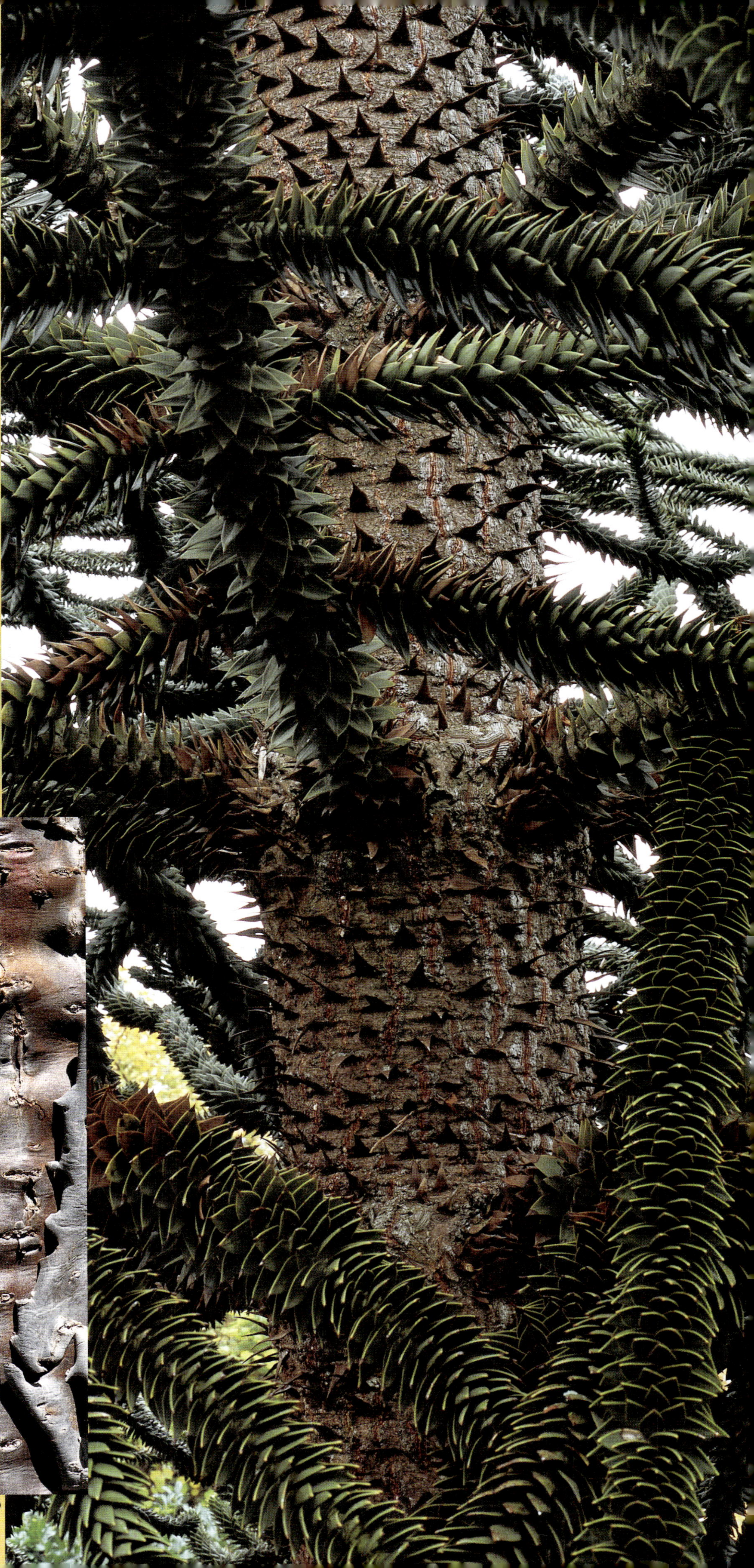

⇧ *Xanthorrhoea australis* 山火事のあとに残ったグラスツリー。ロッキーケープ国立公園。タスマニア（オーストラリア）

[ススキノキ科 Xanthorrhoeaceae]
グラスツリー（仏草の木）
Xanthorrhoea australis

グラスツリーの「グラス」とは草のことである。木の形をしたこの奇妙な「巨草」はまさに生ける化石で、100年間に1mそこそこしか生長しない。オーストラリア固有の約30種のなかで、ここにあげたのは最も南の種で、オーストラリア南東部とタスマニアに自生する。耐火性植物で、火に刺激されると葉や花の付きがよくなる。グラスツリーは先住民アボリジニの暮らしのいたるところに利用されていた。葉の付け根と、頂芽と、根は食用にされた。花は蜜が豊富で、水に甘みと香りをつけるのにつかわれ、花茎は槍の柄や火おこし棒（穴にさし込んで錐のように揉み、摩擦で火をおこす）をつくるのに利用された。クサントロエアという属名は、ギリシア語で「黄色い分泌物」を意味し、グラスツリーの樹脂をさしている。この樹脂は糊、防水加工剤、ニス、お香として利用されていた。第一次大戦中はドイツ軍が火薬として使っていたこともある。

⇨ *Xanthorrhoea australis*
ロッキーケープ国立公園。タスマニア（オーストラリア）

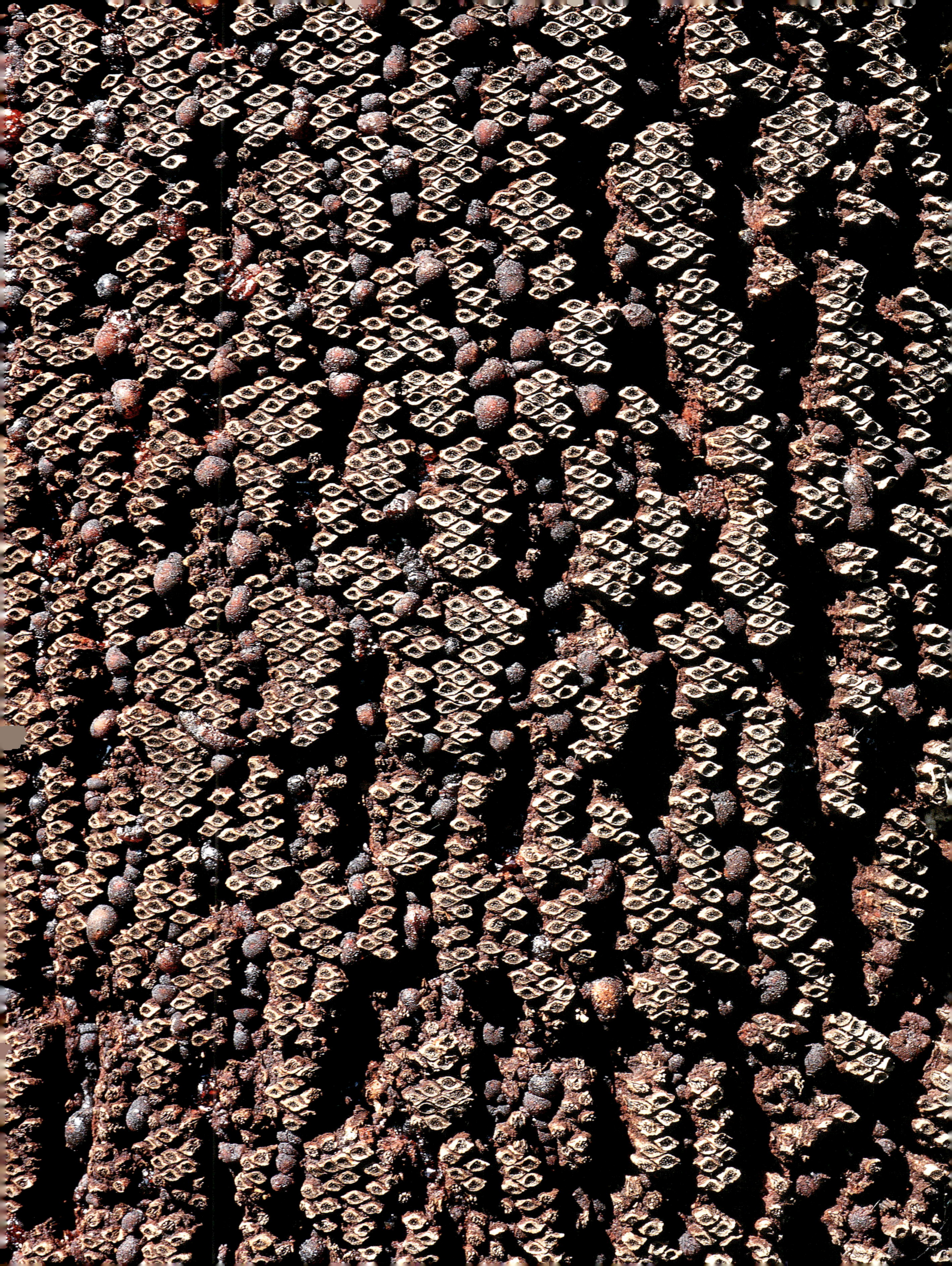

⇧ *Eucalyptus coccifera* 曲がりくねった極彩色の幹。フェントン湖。マウントフィールド国立公園。タスマニア（オーストラリア）

［フトモモ科 Myrtaceae］
タスマニアシロユーカリ（仏タスマニアの雪のユーカリ）
Eucalyptus coccifera

タスマニアシロユーカリは、タスマニアの中央高原や南の高山の森に樹木限界（1300m）ぎりぎりまで生育する低木で、氷点下の気温に耐えられるという驚異的なユーカリだ（氷点下の日が1年に150日以上あっても耐えられる）。高山では幹がねじれて背が低いが、より良い条件のもとでは高さ30mに達することもある。秋、タスマニアの山々は、オーストラリア唯一の落葉樹ファガス（*Nothofagus gunnii*）の紅葉で燃えるような色に染まる。この暖かい色の祭典にあわせるように、タスマニアの固有種である雪のユーカリも色鮮やかな幹をあらわにするが、すぐに冬の灰白色に変わってしまう。種小名コッキフェラは、タスマニアではじめて収集されたこの木の標本をダメにしたカイガラムシ（*Coccus* コックス）にちなんでいる。

⇧ *Eucalyptus coccifera* 若い幹。スキナー湖。タスマニア（オーストラリア）

⇧ *Eucalyptus coccifera*
クレイドル山＝セントクレア湖国立公園。タスマニア（オーストラリア）

⇧ *Eucalyptus coccifera*
スキナー湖。タスマニア（オーストラリア）

［フトモモ科 Myrtaceae］
ヘラユーカリ（仏沼の小形ユーカリ）
Eucalyptus spathulata

葉がへら（スパチュラ）の形をしているのでスパトゥラタという種小名でよばれるこのユーカリは、オーストラリアの南西部でよく見かける小形の木である。すべすべした色鮮やかな樹皮をもち、氷点下の気温や塩や乾燥に耐え、水びたしの土地にも耐える（これが「沼の小形ユーカリ」という名の由来）。このためこの木はオーストラリアを襲っている深刻な環境破壊の影響をうけていない。ここでいう環境破壊とは土壌の塩分が増してきていることだ。樹木は水を大量に消費するので、自由地下水位［地表に最も近い地下水の水位］を、数千年前からオーストラリアの地下にある塩の層より下に保っている。森林が伐採されると、地下水面が上昇し、それとともに塩が地表近くの層に集積する。耕作地の灌漑が進むにつれてこの現象が加速され、しまいには何百もの種が絶滅してしまうこともあるのだ。

⇧あらわれたばかりの色鮮やかな樹皮

⇦
⇨ *Eucalyptus spathulata*
ブラックヒル保護公園の野草園。アデライード。
南オーストラリア（オーストラリア）

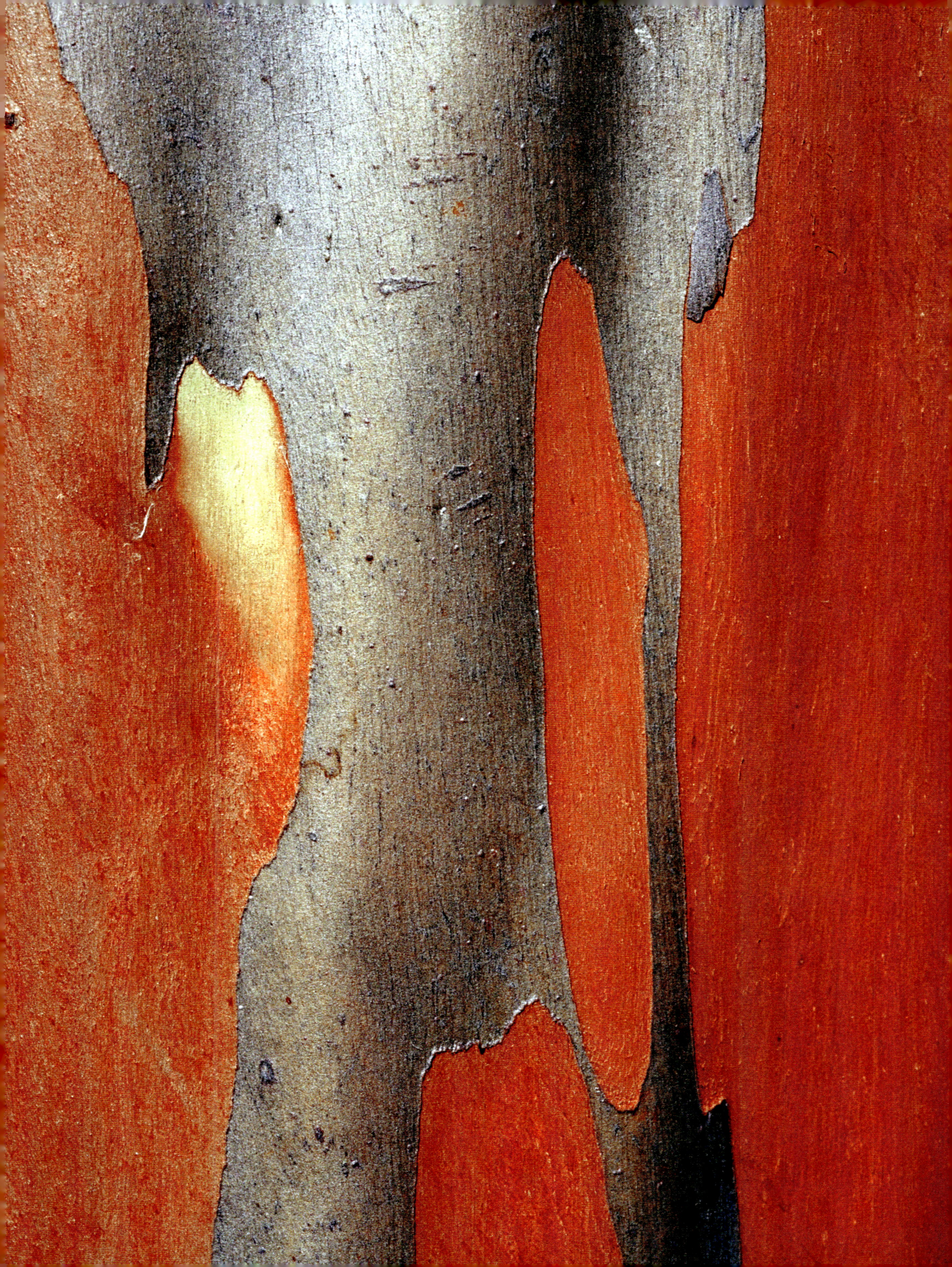

⇧ *Eucalyptus camaldulensis*「赤いゴムの木」は蛸足状に40mも伸び広がる。ダンケルド。ヴィクトリア州（オーストラリア）

[フトモモ科 Myrtaceae]
リバーレッドガム（仏川の赤ユーカリ）
Eucalyptus camaldulensis

このユーカリはオーストラリア全土でみられ、とくに広大なマレー盆地の川沿いの土地に多い。もっともカマルドゥレンシスという種小名は、イタリアのカマルドリ（Camaldoli）伯爵の名から来ている。ナポリにある彼の庭園（カマルドリ植物園）には、初めてこのユーカリを記述するのに役立った標本がたくさんあるのだ。この木はとても生長がはやく、きわめて堅牢な赤い木材がとれるので世界中に植栽された。オーストラリアの先住民アボリジニにとっては命の木でもあった。木材は良質な薪、木管楽器ディジュリドゥの理想的な材料であり、樹皮はカヌーや水筒や衣服、樹液はゴムの材料として［リバーレッドガムの「ガム」とは「ゴムの木」の意］、葉は熱、のどの痛み、下痢に効く薬としてつかわれていた。このユーカリは、コアラが葉を食べるユーカリのひとつでもある。

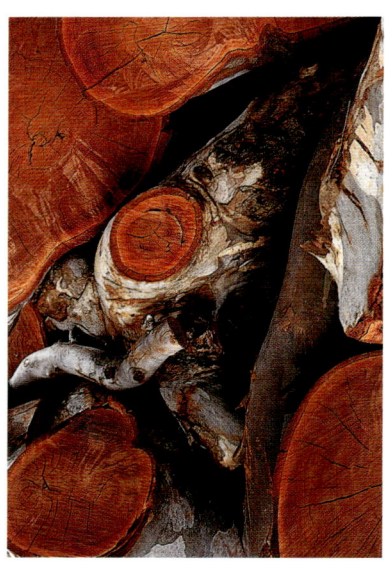

⇧ 典型的な赤い木材。
⇨ *Eucalyptus camaldulensis* ニース（フランス）

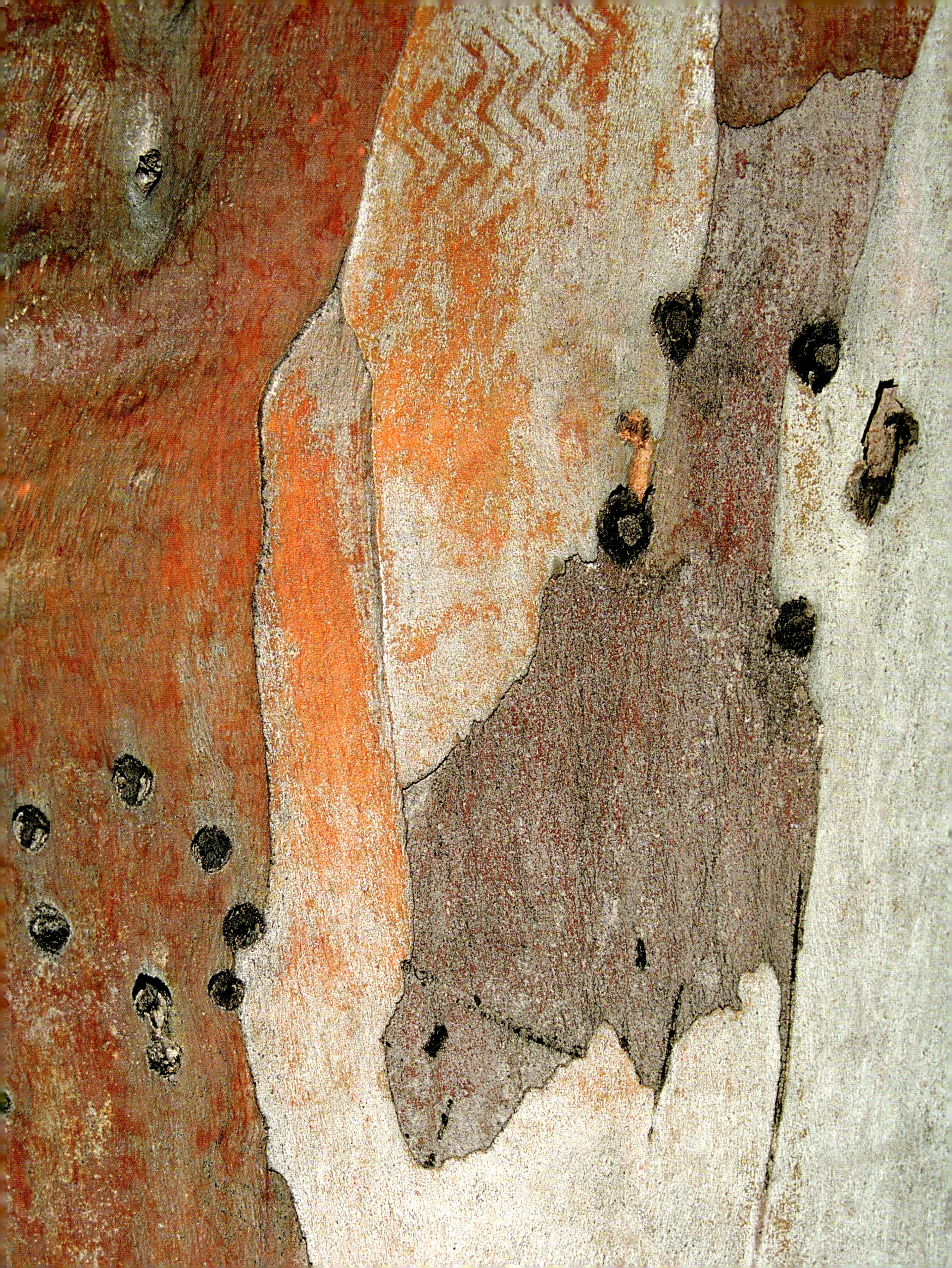

［フトモモ科 Myrtaceae］
スクリブリーガム（仏落書きのユーカリ）
Eucalyptus sclerophylla

ある種類のユーカリは昔から人々の好奇心を刺激してきた。その幹にふしぎな文字が書いてあるのだ。ジグザグの落書きのような文字で、誰にも解読できなかった。だが1930年代、研究者のトム・グリーヴズがこの謎の一部を解いた。「ブッシュの落書き屋」の正体は蛾の幼虫だったのだ。米粒ほどの大きさの蛾が樹皮のすぐ内側に卵を産みつける。卵からかえった幼虫は樹皮すれすれに這いまわりながら木を食べ、トンネルを掘っていく。そして外樹皮が落ちたとき、その模様があらわになる。この驚くべきアラベスク模様は、植物学者にとって種を見分けるための大事な手がかりになっている。調査によれば、落書きは少なくとも6種類、「落書きゴムの木（スクリブリーガム）」の仲間は少なくとも20種あることがわかっている。ここにあげた種、エウカリプトゥス・スクレロフィラはシドニーの西のブルー・マウンテンズに多くみられる。落書き屋の蛾の一生がわかったのは最近（2005年）のことである。

⇦
⇨ *Eucalyptus sclerophylla*
ブルー・マウンテンズ国立公園。
ニューサウスウェールズ州（オーストラリア）

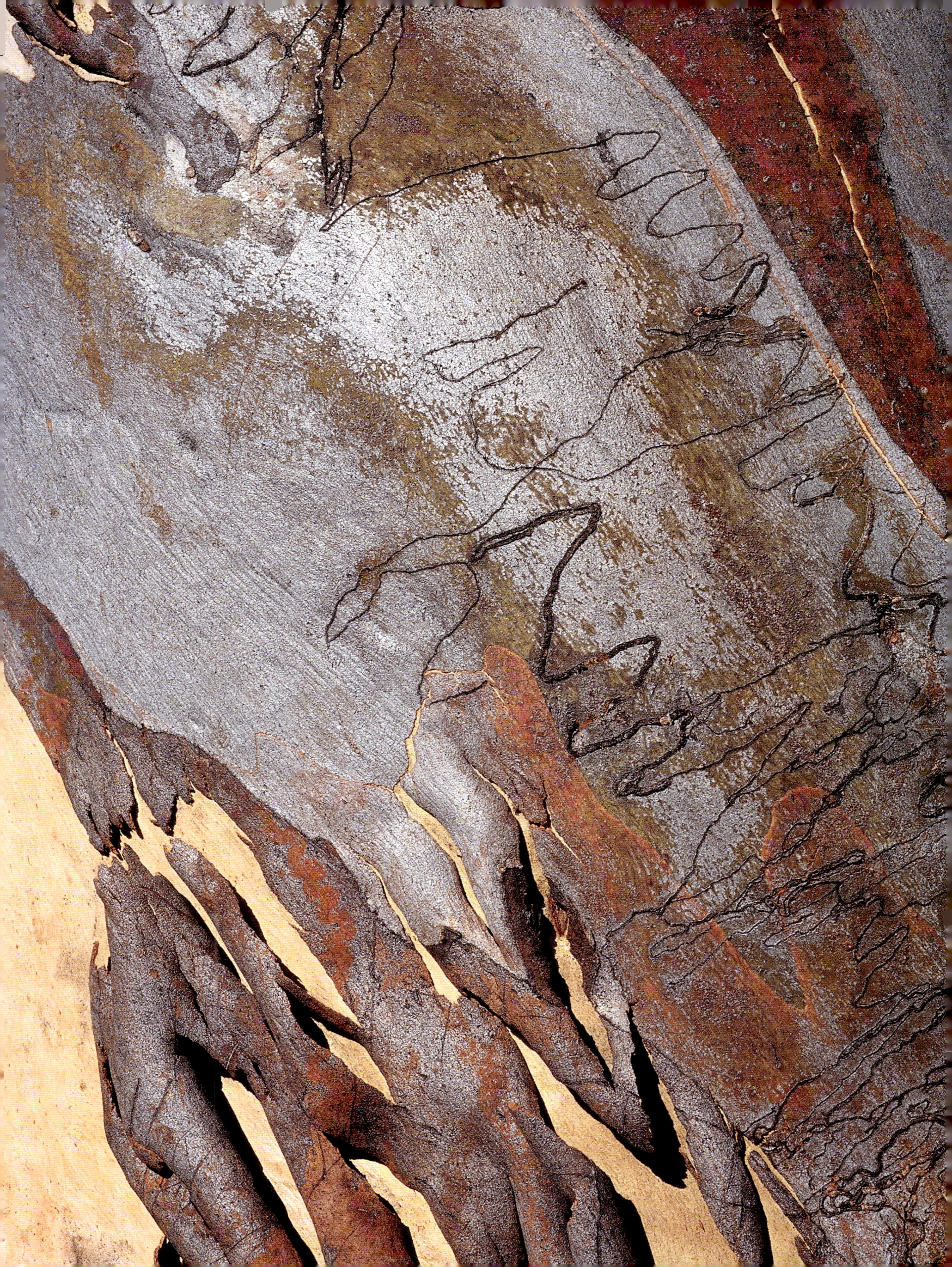

[フトモモ科 Myrtaceae]
ドリーゴユーカリ（仏ドリーゴの白ユーカリ）
Eucalyptus dorrigoensis

この堂々たるユーカリは、オーストラリアのニューサウスウェールズ州北東部に位置するドリーゴ地方の原産である。自生地は離ればなれで、しかも数が少ないので種を維持する能力はとても弱い。この木の幻想的なシルエットは忘れがたい光景をみせてくれる。樹皮が新しくなる直前、幹と枝がすみずみまでばら色に染まるのだ。まだ幹に残っている巨大な樹皮の断片が風にはためく。落ちて地面に敷きつめられた樹皮片の上を歩くと、靴の下でパリパリと割れる音がする。若い樹皮は、最初は黄色がかっているが、しだいに一点のしみもない純白に変わる。これが「白ユーカリ」という名の由来だ。

⇦ ⇧ *Eucalyptus dorrigoensis*
テュレ荘庭園。アンティーブ（フランス）

⇐ *Angophora costata*
シドニー植物園。
ニューサウスウェールズ州（オーストラリア）

⇩ *Angophora costata*
剝落前（上）と剝落後（下）。
テュレ荘庭園。アンティーブ（フランス）

[フトモモ科 Myrtaceae]
シドニーレッドガム
Angophora costata

オーストラリア東部にはアンゴフォラが12種ばかり生育している。外見が似ているので、ユーカリだと思っている人が多い。しかしユーカリの葉は互生なのにこちらは対生、ユーカリのつぼみについている帽子形の蓋（めしべと無数のおしべを閉じこめている）がこちらにはないなどの点でユーカリとは異なっている。アンゴフォラ・コスタータとは「うね模様のコップ」という意味で、その特徴的な実の形をあらわしている。古くなった灰色の樹皮が落ちると、幹はさまざまな色で装いを凝らし、つかのまの青緑色から黄色へ、そしてオレンジ、サーモンピンクへと変わっていく。

［フトモモ科 Myrtaceae］
ユーカリ

ユーカリ属は700種のユーカリを含み（ほとんどがオーストラリア産）、美しいフトモモ科の代表を名乗るにふさわしい大きなグループをなしている。エウカリプトゥスとはギリシア語で「しっかり蓋をしてある」という意味だ。これはユーカリのつぼみがかならず小さな蓋をかぶっていることに由来する。ユーカリは被子植物としては世界で一番背が高い（セイタカユーカリ *Eucalyptus regnans* は100m近くある）。ユーカリは木材、紙、薬、香油などにつかわれるため、地球上の熱帯地方や温帯地方によく植栽されている。

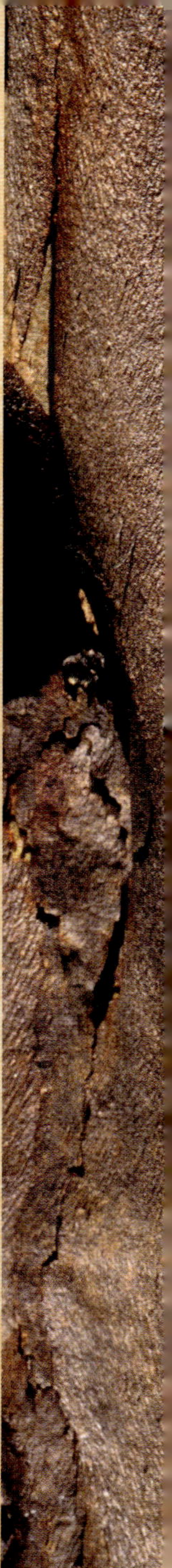

❶ *Eucalyptus rossii*
　オーストラリア国立植物園。キャンベラ（オーストラリア）
❷ *Eucalyptus deglupta*
　フェアチャイルド。コーラルゲイブルス（アメリカ合衆国）
❸ *Eucalyptus torelliana*
　ケブン・ラヤ・チボダス（インドネシア）
❹ *Eucalyptus coccifera*
　スキナー湖。タスマニア（オーストラリア）
❺ *Eucalyptus mannifera*
　オーストラリア国立植物園。キャンベラ（オーストラリア）
❻ *Eucalyptus rubiginosa*
　シドニー植物園（オーストラリア）
❼ *Eucalyptus tesselaris*
　オーストラリア国立植物園。キャンベラ（オーストラリア）
❽ *Eucalyptus sideroxylon*
　テュレ荘庭園。アンティーブ（フランス）
❾ *Eucalyptus moluccana*
　シドニー植物園（オーストラリア）
❿ *Eucalyptus delegatensis*
　ウェイクハースト・プレイス。アーディングリ（イギリス）
⓫ *Eucalyptus globulus*
　ニース（フランス）
⓬ *Eucalyptus spathulata*
　野草園。アデレード（オーストラリア）

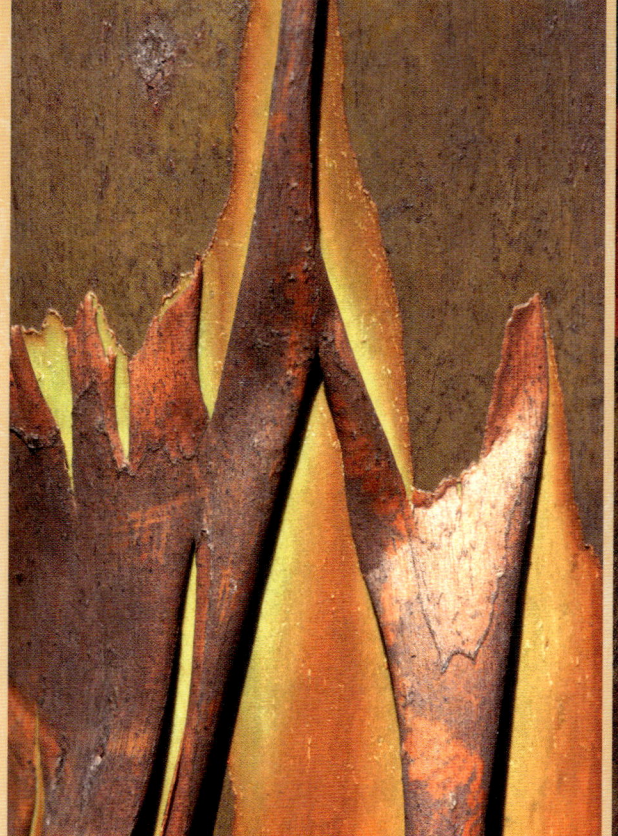

⑪ ⑫

⑥ ⑦ ⑧ ⑨ ⑩

[フトモモ科 Myrtaceae]

スポッティドガム (仏まだらのゴムの木)
Corymbia maculata

スポッティドガム(spotted gum)はオーストラリアの東海岸に生えている。種小名マクラータの語源は「まだら模様の」という意味のラテン語で、プラタナスに似たその幹の模様をさしている。初夏になるとオレンジがかった古い樹皮がはがれて、丸みをおびた灰白色や緑色の斑(spot)があらわれ、それが黄色に変わっていく。木材はとても固く、さまざまな建材としてつかわれる。花は蜜が豊富で、上質の蜂蜜がとれる。20世紀の終わり頃、一部の専門家がこの木をふくむ100種ほどのユーカリ属種をコリンビア属に移した。コリンビア属とユーカリ属の違いは花の並び方にある。ユーカリ属の花が花柄に沿って並ぶのに対し［総状花序］、コリンビア属の花は花柄に対してほぼ垂直な同一平面上に並ぶ［散房花序］。

⇦
⇨ *Corymbia maculata*
新しい樹皮に変わる数日前の濃い色。マドンナ温室庭園。
マントン（フランス）

一年間の樹皮の変化 ➡ ➡ ➡ ➡

⇧ *Corymbia maculata* テュレ荘庭園。アンティーブ（フランス）

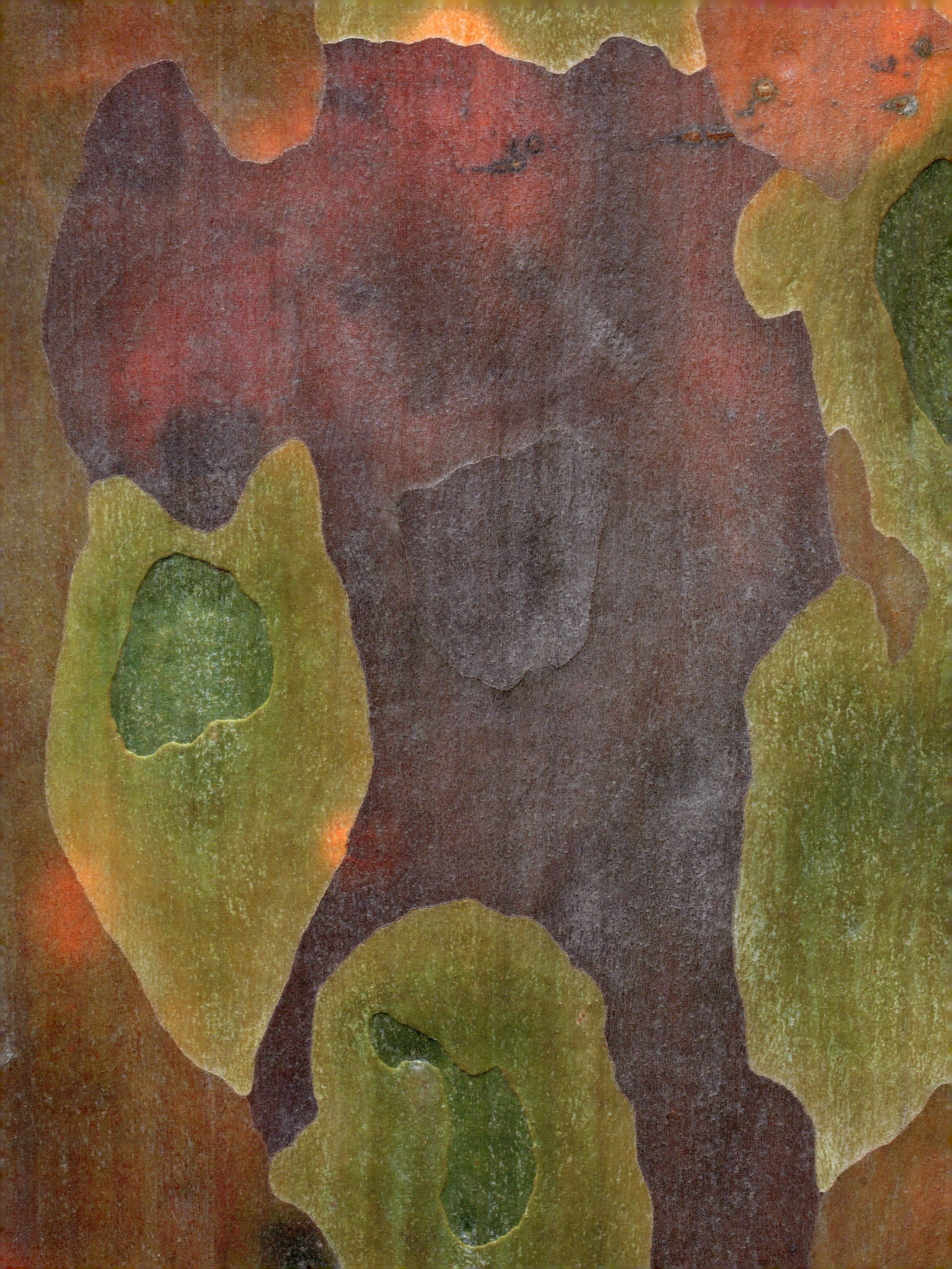

[フトモモ科 Myrtaceae]
レモンユーカリ
Corymbia citriodora

レモンユーカリはオーストラリア北東部の原産で、香水製造業者と医師には福の神である。その葉はレモンの香りを放ち、香水の香りづけや植物療法（風邪、のどの痛み、肺感染症など）につかわれている。天然の虫除けとしても効果が高い。夏のはじめに樹皮がはがれ落ちていくようすを追うのは、それだけでも幻想的な体験だ。まず、真っ白だった樹皮が突然ばら色に変わる。そこにひびが入ってファスナーのように裂けると、なかから思いがけず青色の樹皮があらわれる。太陽の光をあびるとたちまち色彩の交響楽がはじまり、数週間もすると樹皮全体が灰白色に、黄色に、そして薄いサーモンピンクにかわっていく。

⇧ ⇨ *Corymbia citriodora*
テュレ荘庭園。アンティーブ（フランス）

剝落にともなう樹皮の変化 ➡ ➡ ➡

⇧ *Corymbia citriodora* テュレ荘庭園。アンティーブ（フランス）

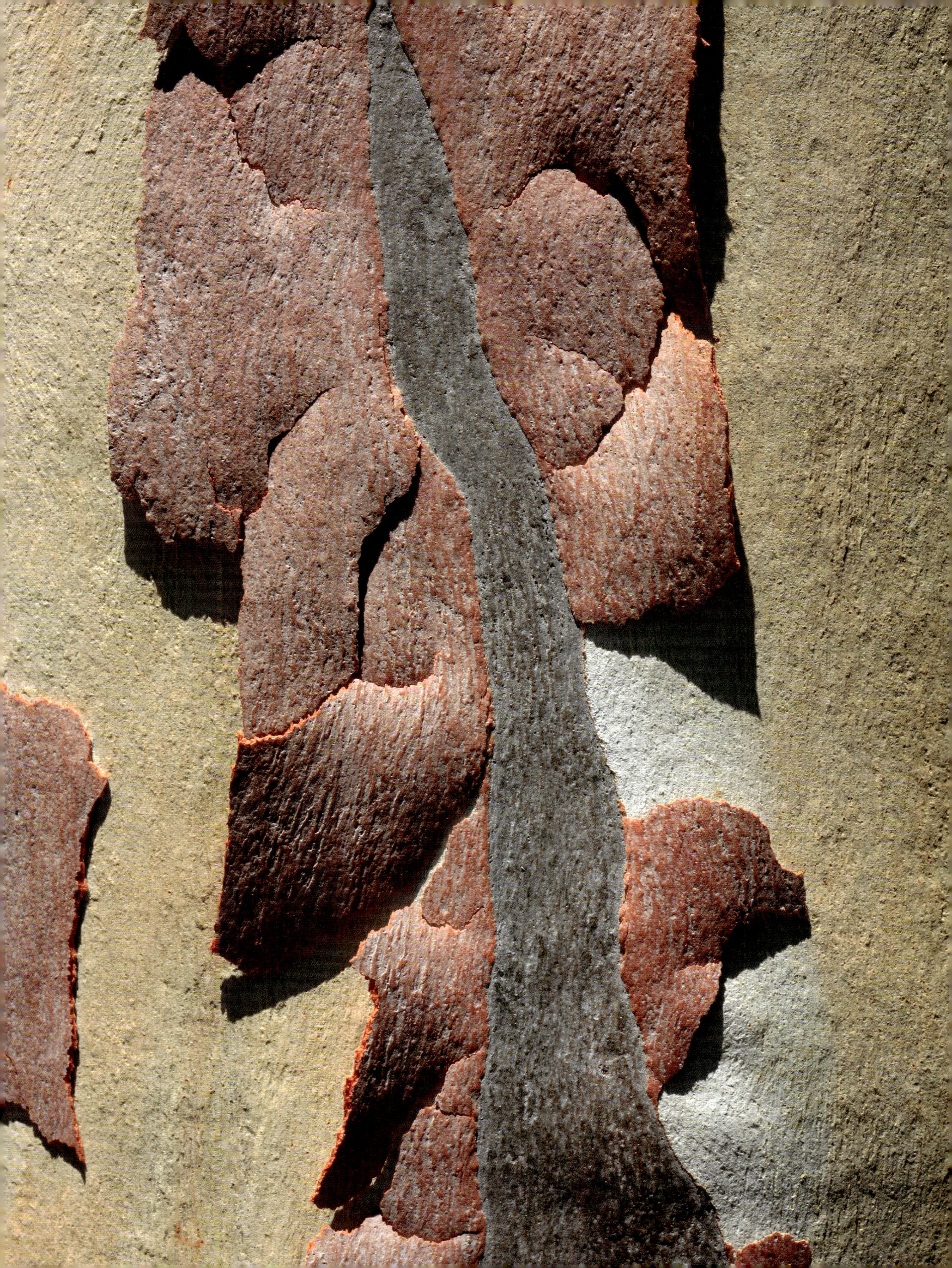

［フトモモ科 Myrtaceae］
ニアウリ
Melaleuca quinquenervia

250種あるメラレウカ属のなかで、ニアウリはおそらく一番有名な樹木だろう。メラレウカという属名は、ギリシア語のメラス(黒)とレウコス(白)をあわせたもので、白い樹皮が山火事のために黒く焦げていることが多いためにつけられたといわれている。クィンケネルヴィアという種小名は「5本の葉脈」という意味で、葉にほぼ平行な5本の葉脈が走っていることをさしている。ニアウリは湿った土地を好み、オーストラリア東海岸やニューギニアやニューカレドニアに生育する。原住民の日常生活に溶け込み、紙状の厚い樹皮が伝統的な住居の断熱材として、包み焼きの料理の包み材として、またニューカレドニアのカナク族の乳児をやさしくくるむのにつかわれていた。葉は精油を多くふくみ、肺疾患その他に効く。ただ残念なことにニアウリはきわめて侵略的な植物で、フロリダ南部のエヴァーグレード国立公園のようなか弱い生態系を破壊することもある。

⇧⇨ *Melaleuca quinquenervia*
ニューカレドニアのブルパリでは、貴重な精油を得るために
今でもニアウリを蒸留している。ニューカレドニア島（ニューカレドニア）

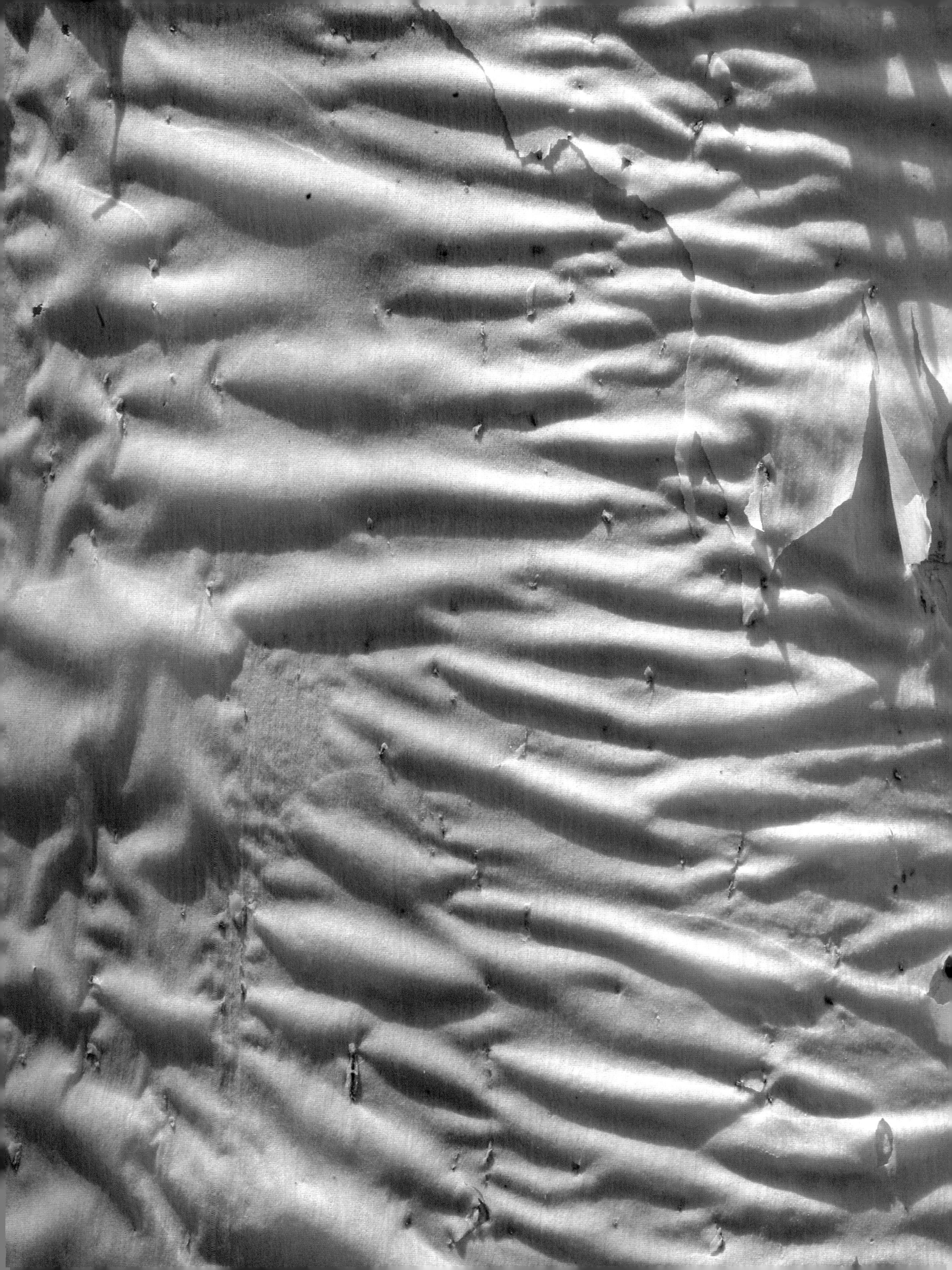

[アオイ科 Malvaceae]
クィーンズランドボトルツリー(別ツボノキ)
Brachychiton rupestris

属名ブラキキトンはラテン語のブラキ（短い）とキトン（コート）を合わせたもので、種子を覆うチクチクする綿毛をさしている。種子は、綿毛をとって焼けば食べられる。種小名ルペストリスは「岩に生える」という意味で、その名のとおり、この木は石のごろごろした乾いた土地を好み、おもにクィーンズランド州（オーストラリア）に生育する。雨季になると木はたっぷり水をふくむ。その頃、樹皮に穴をあければ、アボリジニが好きな栄養ゆたかなゼリー状のものがとれる。壺形にふくらんだ幹は直径が2mを超えることもある。幹を覆う特徴的な樹皮は葉緑素をふくみ、歳とともに厚くなって割れ、しまいには緑色と光合成の能力を失ってしまう。アボリジニは繊維に富む内樹皮で網をつくっていた。

⇐
⇒ *Brachychiton rupestris*
シドニー植物園。ニューサウスウェールズ州（オーストラリア）

⇑ *Brachychiton discolor*
テュレ荘庭園。アンティーブ（フランス）

⇑ *Brachychiton rupestris*
歳をとると樹皮が割れ、葉緑素は失われる。シドニー植物園。ニューサウスウェールズ州（オーストラリア）

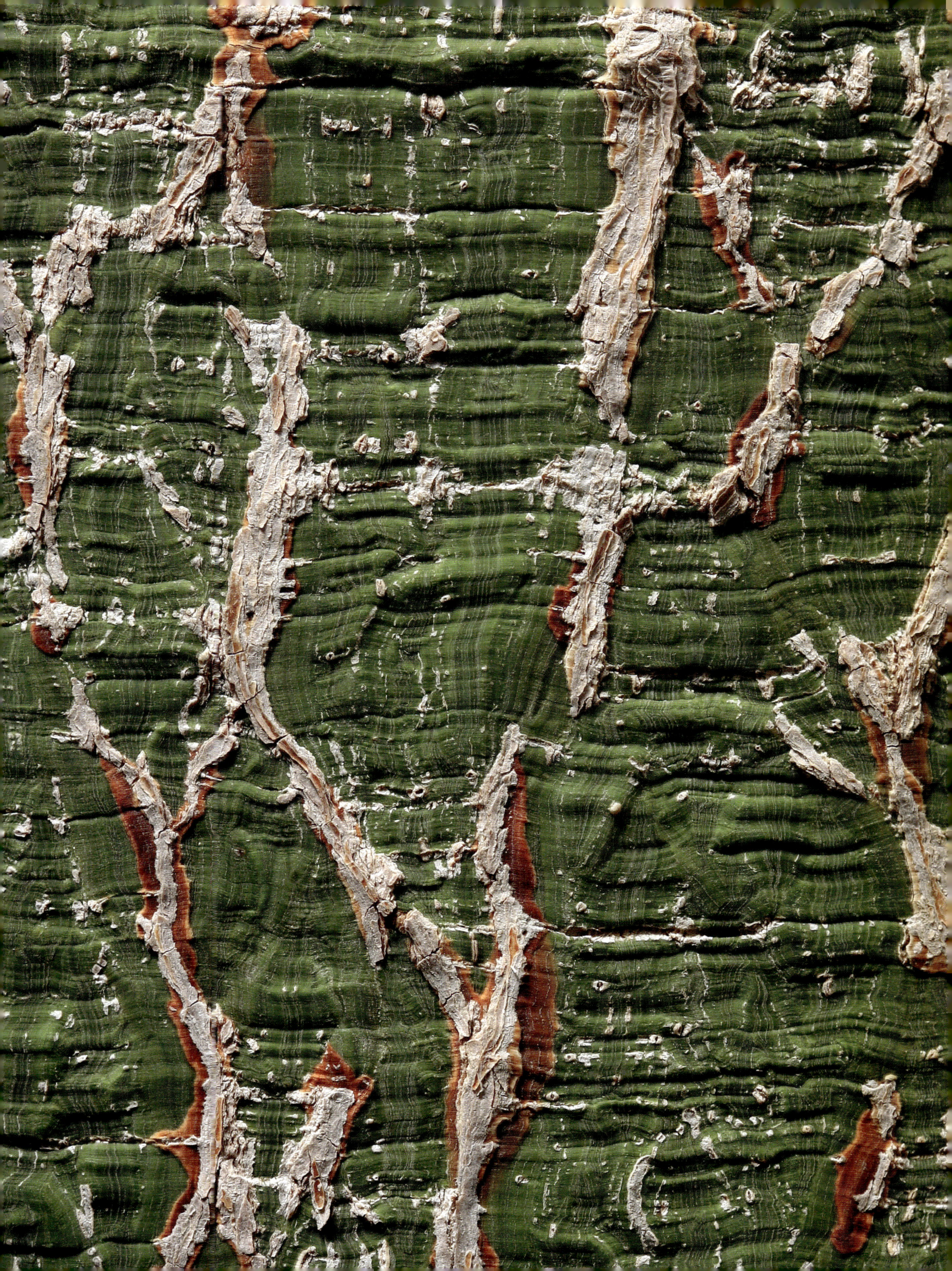

[ナンヨウスギ科 Araucariaceae]
フープパイン (仏カニンガムナンヨウスギ)
Araucaria cunninghamii

フープパインは1820年代、イギリスの植物学者で探検家のアラン・カニンガムによって、オーストラリア東海岸の熱帯林で発見された。比較的丈夫なので、コートダジュールの気候にもうまく順化している。樹皮は一定の幅で横に裂け、ある種の美しいサクラの樹皮を思わせる。フープパインの「フープ（輪）」とは、樹脂植物にしては奇抜なこの樹皮のことをさしている。木材は質が良く、合板の製造に広く利用されてきた。残念なことに生長がとても遅く（成木で1年に2cm）、球果ができるのに200年以上もかかるため、自然林はほとんど伐採されつくしてしまった。アボリジニはこの木の樹脂をあたためて、接着剤としてつかっていた。

⇨*Araucaria cunninghamii* ケブン・ラヤ・チボダ。西ジャワ（インドネシア）

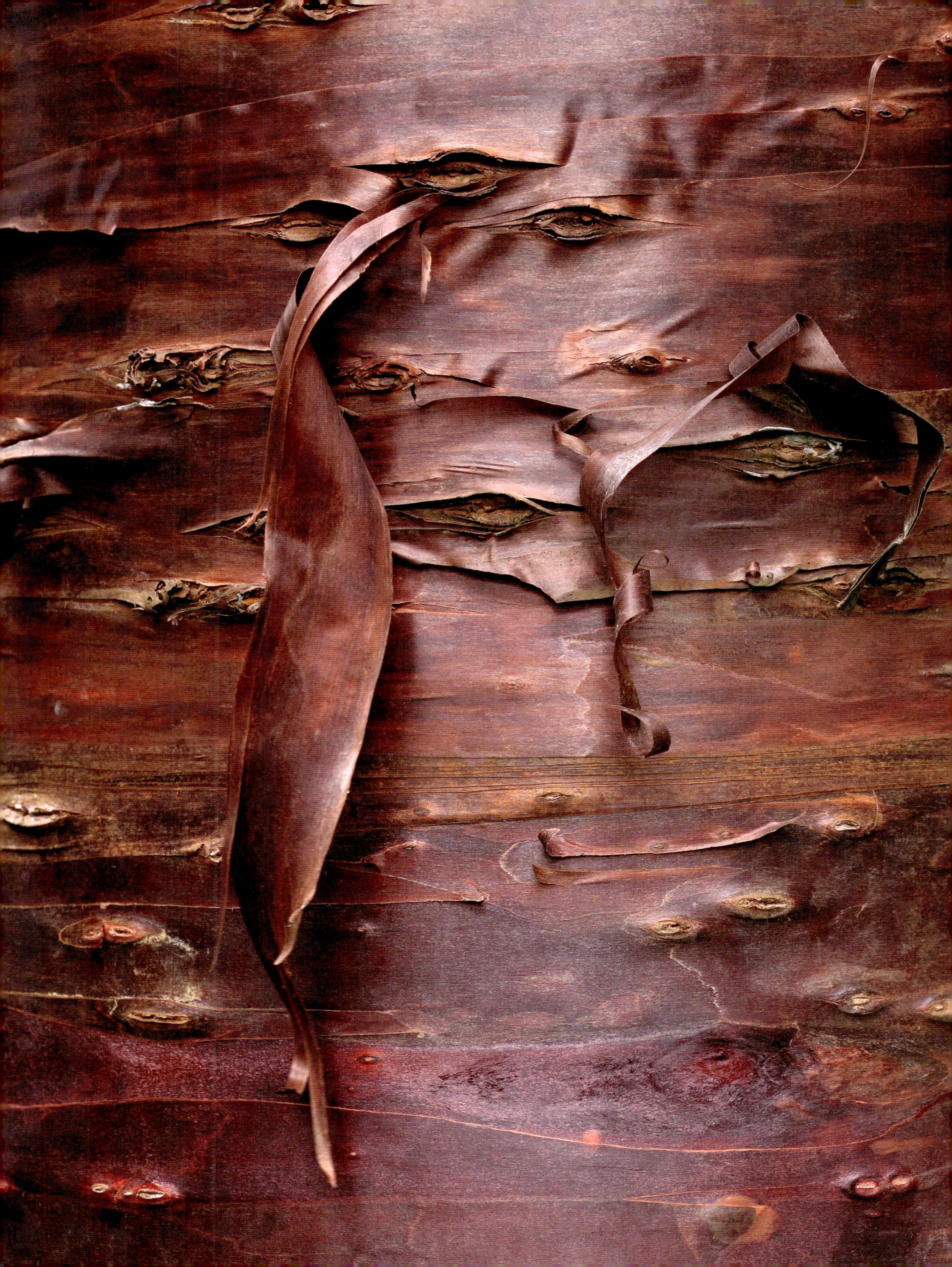

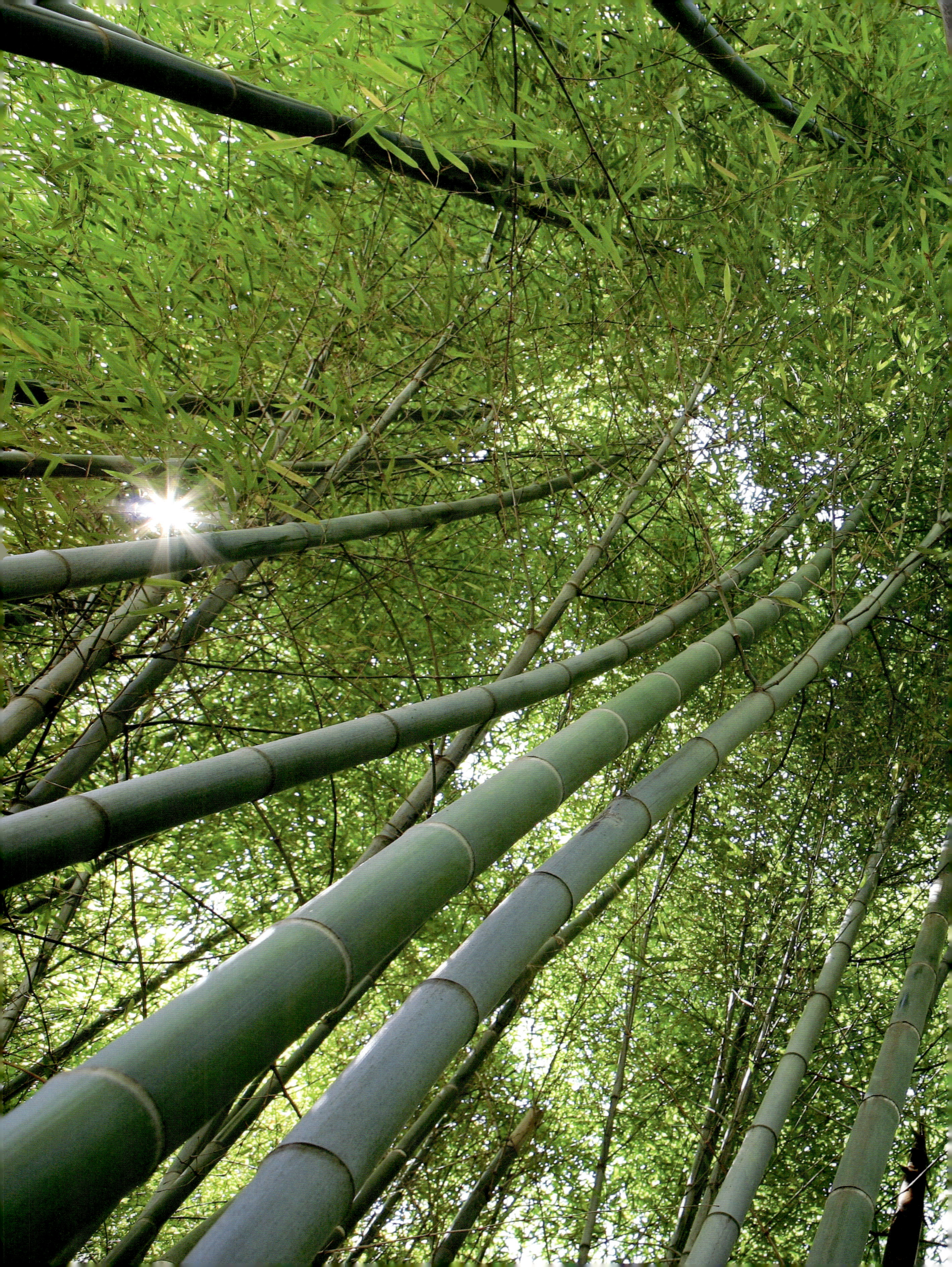

ASIA

アジア

Phyllostachys pubescens
（和名モウソウチク）
無数の使いみちがある巨大な竹。
パールフランスの竹林。
ジェネラルグ（フランス）

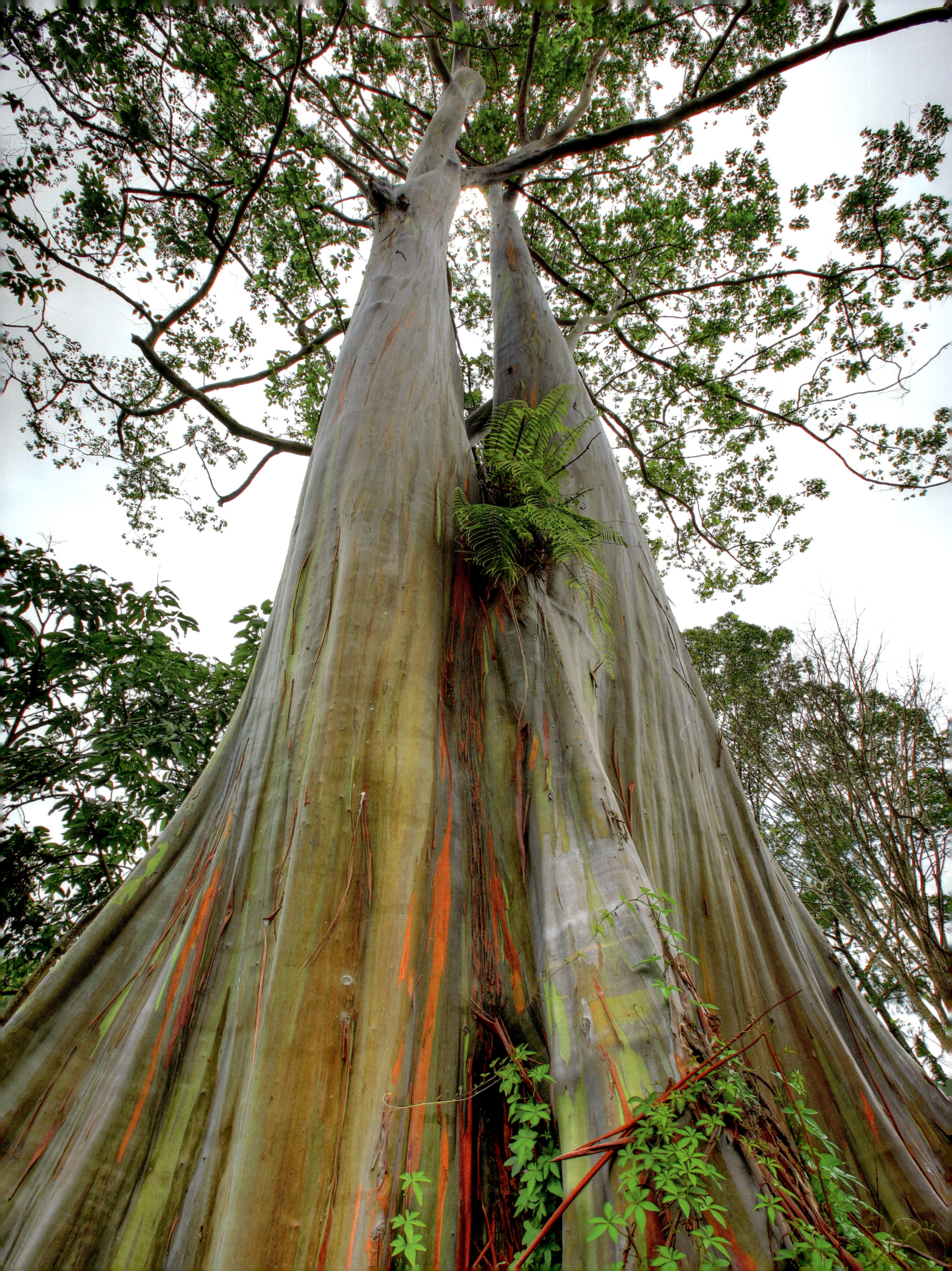

[フトモモ科 Myrtaceae]

カメレレ（仏虹のユーカリ）

Eucalyptus deglupta

この見事なゴムの木は、フィリピン諸島南島のミンダナオ島産で、唯一の北半球原産のユーカリである。ミンダナオ島だけではなく、インドネシアやニューギニアの熱帯林にも自生している。幹はこの世のものとは思えない色合いで、たったいま画家のアトリエから出てきたばかりという風情だ。おもな生長期にあたる雨季をとおして、細長い断片状の樹皮が古くなる先から剝げ落ちる。断片の色はつぎつぎに変わり、淡い緑、濃い緑、青緑、紫、朱、とまるで虹のようだ。木は製紙用パルプにするために植林され、建材としてもつかわれている。フィリピンでは昔から樹皮を疲労軽減の薬として役立てている。

⇧ ⇨ *Eucalyptus deglupta*
さまざまな色の樹皮。ケブン・ラヤ・ボゴル。
西ジャワ（インドネシア）

⇦ *Eucalyptus deglupta*
幹に縦溝の入った堂々とした木。
プンチャック峠。西ジャワ（インドネシア）

[ヤシ科 Arecaceae]
サゴヤシ
Metroxylon sagu

サゴヤシは東南アジア（インドネシア、マレーシア、フィリピン）およびパプア・ニューギニアの原産である。属名メトロクシロンはギリシア語で「木の芯」を意味し、有名なサゴでんぷんの原料である発達した髄部をさしている。このヤシは一回結実性、つまり一生に一回しか花を咲かせず、したがって一生に一回しか実をつけない。サゴヤシの樹齢が10〜15年になり、それまで幹の内部にたくわえてきた貯蔵物質をつかって一回限りの開花の準備をはじめようというとき、人々はこの木を切り倒す。幹を切り開き、髄をとりだす。それを叩き、押し洗いし、繊維についているでんぷんを沈殿させる。サゴヤシは他の耕作ができない沼地で繁茂するので、多くの島民にとっては今でも主食のでんぷんを提供してくれるありがたい植物だ。

⇧ *Metroxylon sagu*
葉柄には棘がある。ケブン・ラヤ・ボゴル。西ジャワ（インドネシア）

⇦ *Metroxylon sagu*
ケブン・ラヤ・ボゴル。西ジャワ（インドネシア）

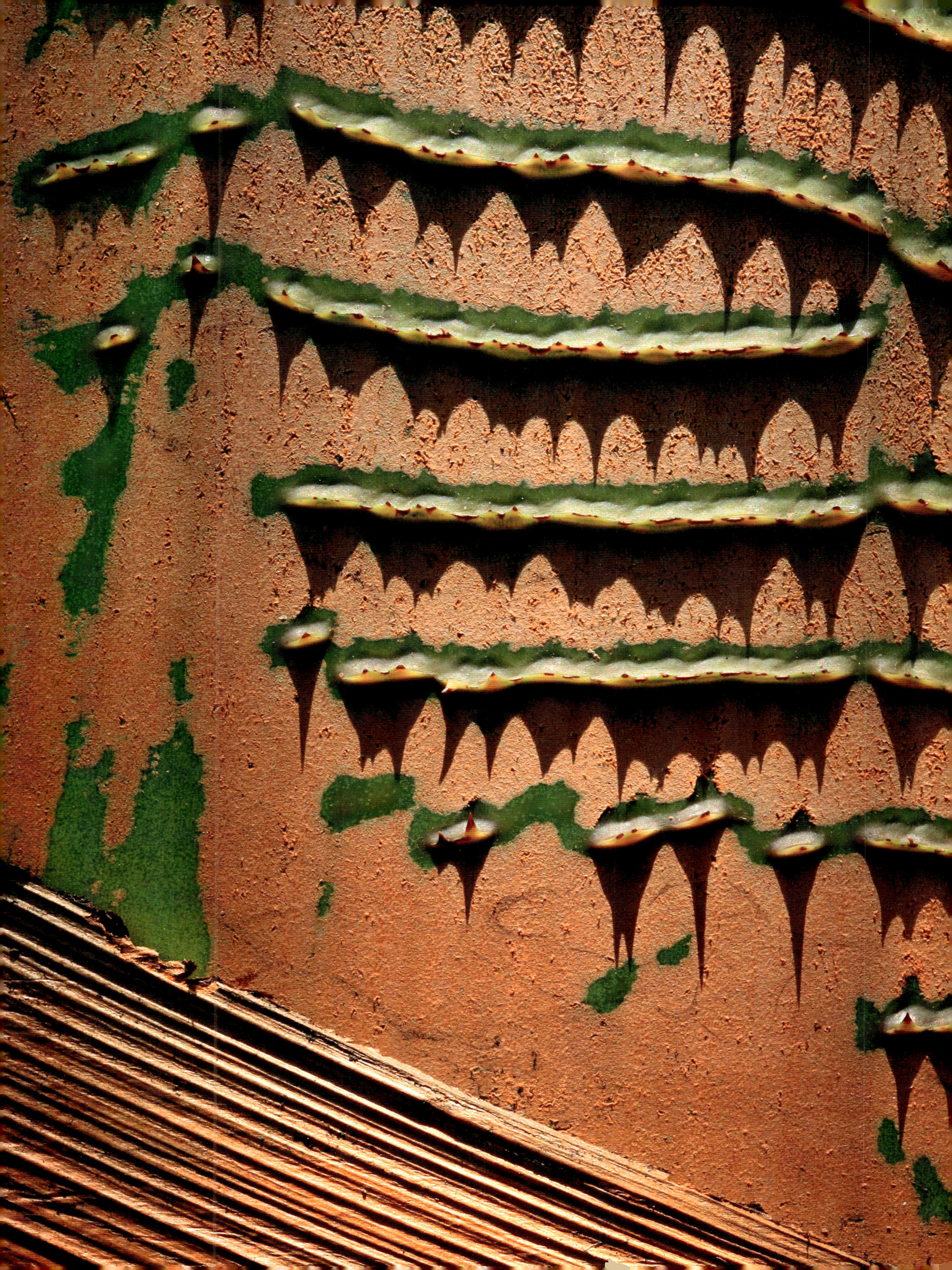

[ヤシ科 Arecaceae]

ショウジョウヤシ（仏口紅ヤシ）
Cyrtostachys renda

いかにも南国らしい雰囲気をただよわせたショウジョウヤシ（猩々椰子）は、東南アジア（マレーシア半島）とインドネシア（スマトラ島、ボルネオ島）でとても人気がある。葉鞘と葉柄と主葉脈があざやかな緋色であることからフランスでは「口紅ヤシ」と呼ばれている。群生し、一つの根株から何本も幹を出す。幹は葉緑素のため緑色で、孟宗竹の幹を思わせる。装飾的な価値の高い木だが、世界にはあまり普及していない。気温が10℃以上、高湿度でなければ生育せず、乾いた風や強風に弱いため、栽培がむずかしいのだ。中国人はこの木を家の入口の庭に植えるよう勧めている。数千年の歴史をもつ風水学によれば、この木は家にプラスのエネルギーを引きよせ、幸福と繁栄に寄与するそうだ。

⇨
⇦ *Cyrtostachys renda*
ケブン・ラヤ・ボゴル。西ジャワ（インドネシア）

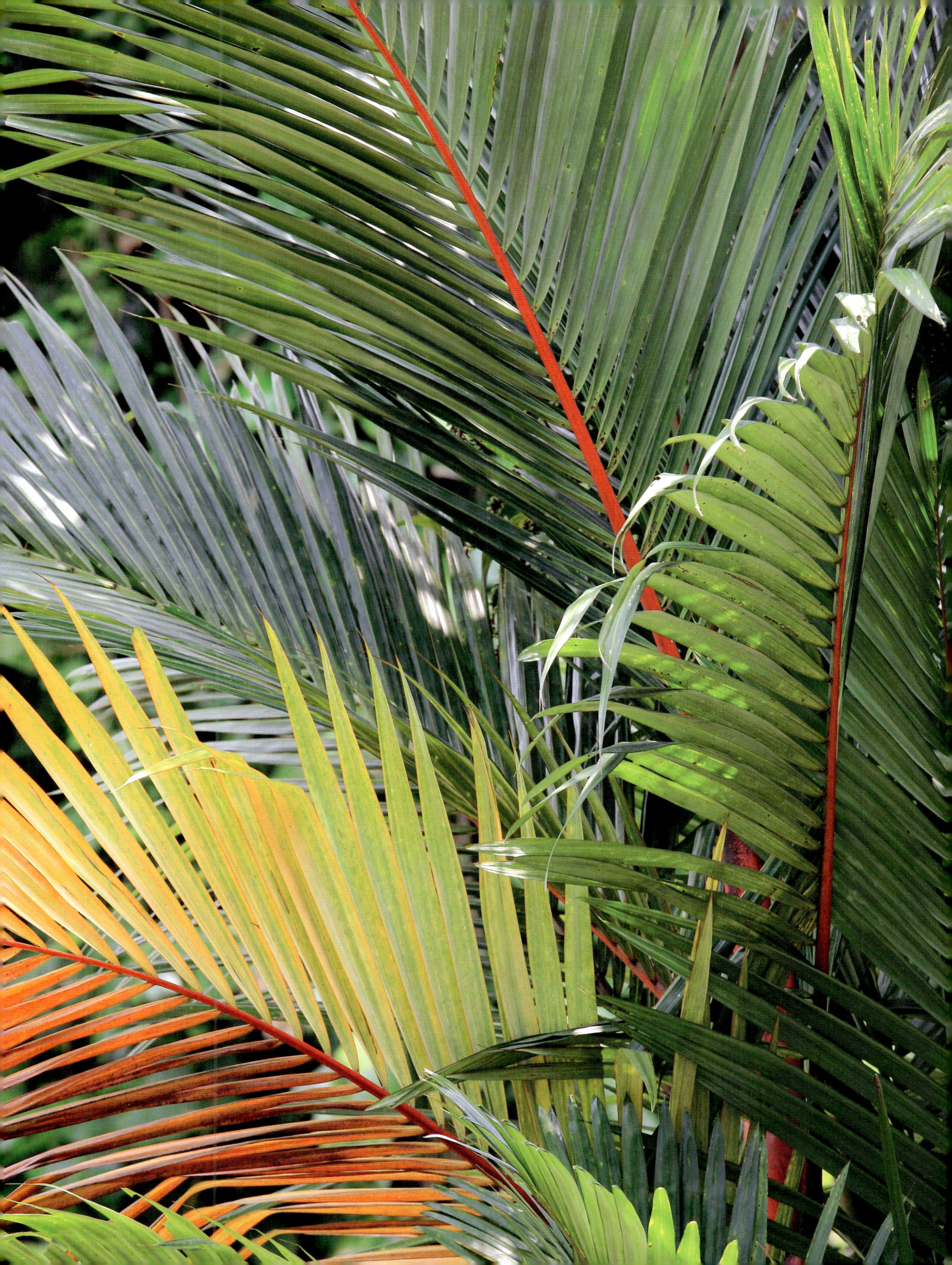

[クワ科 Moraceae]

ベンジャミン（仏枝垂れイチジク　別シダレガジュマル）
Ficus benjamina

フィクス属の植物は750種を数え、多かれ少なかれ危険な乳液（ラテックス）を含んでいるのが特徴だ。この乳液がゴムの原料になることもある（インドゴムノキ*Ficus elastica*）。フィクス属の植物は蔓植物、灌木、巨木のいずれかの形をとる。コルカタ［カルカッタ］の有名なバニアンツリー（*Ficus bengalensis*）は、たった1本の主幹からでた枝々が、地面まで届く2500本余りの気根で自分を支えながら広がり、1.5ヘクタールの森を形成したものだ。ベンジャミンは育てやすいため、観葉植物としてまたたく間に世界中の家庭に広まった。けれども原産地（おもにインドと東南アジア）では大木で、30mの高さに達するものもある。気根が網をかけたように幹や枝々を覆っているようすは、シメゴロシイチジク（p.40）を思い出させる。ただ、葉の乳液にはくれぐれも注意しよう。赤ん坊がなめて中毒症状を起こすことが多い。

⇧ *Ficus tettensis*
ソウトパンスバーグ。リンポポ（南アフリカ）

⇧ *Ficus* sp.
幹生果。ケブン・ラヤ・ボゴル。
西ジャワ（インドネシア）

⇦ *Ficus benjamina*
複雑に絡みあった気根。
マイアミ。フロリダ（アメリカ合衆国）

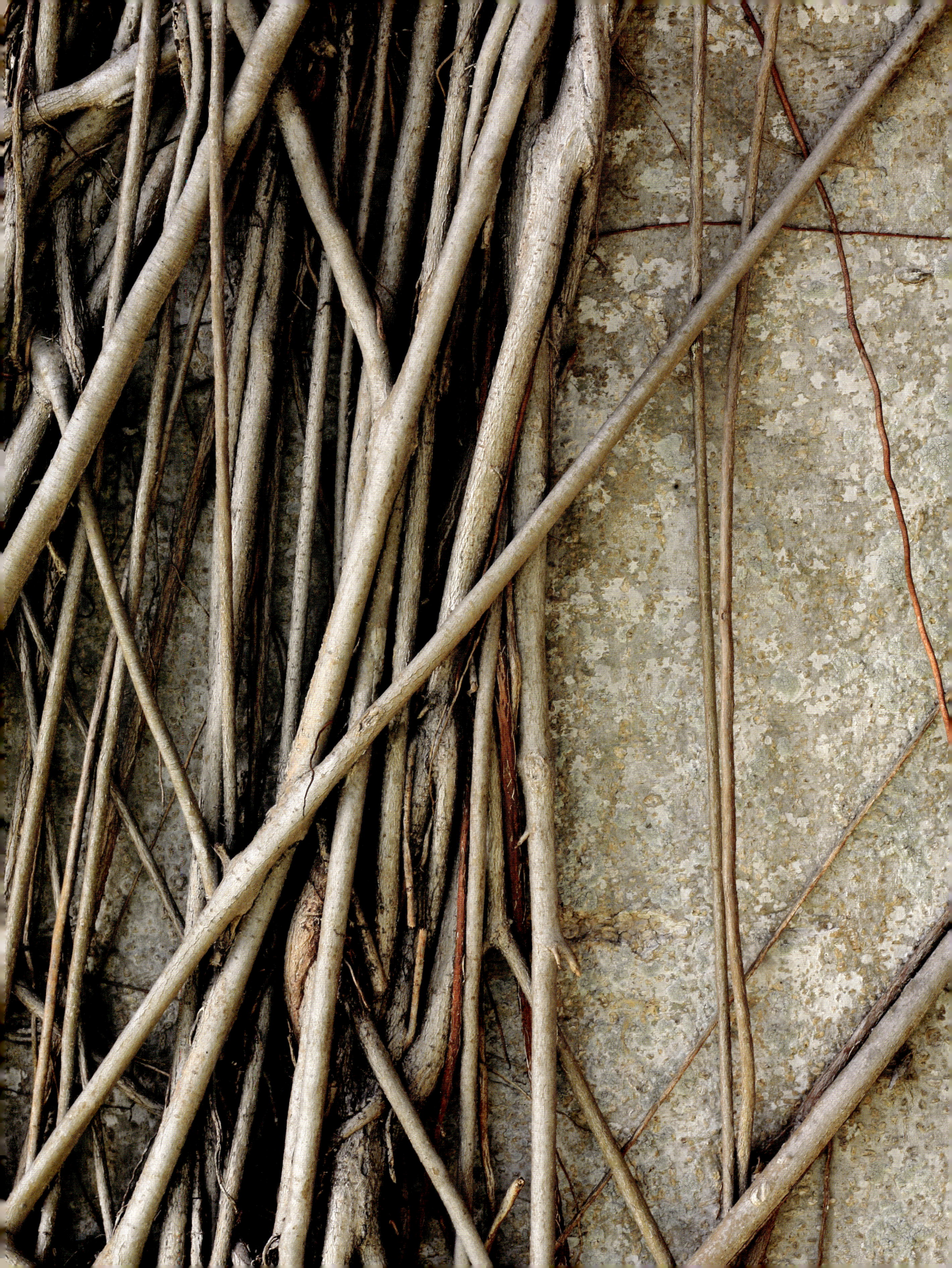

[クスノキ科 Lauraceae]
セイロンニッケイ
Cinnamomum verum

独特の甘い香りがするニッケイの樹皮は、中国から地中海まで、古代エジプトのパピルス文書から聖書まで、何千年も前から多くの文明の波乱に富んだ歴史とともにあり、香料として、薬として、香辛料として役立ってきた。ニッケイは茶、暖めたワイン、菓子、米、肉、カレー粉、野菜などの香りづけにつかわれる。収穫は雨季、つまり内樹皮の芳香がつよくなり、木から簡単にはがれる時期におこなわれる。樹皮が乾いて丸まったものがシナモンスティックだ。セイロンニッケイの樹皮は薄く、穏やかで甘い香りがする。この木はおもにスリランカで栽培され、こんもりとした小さな灌木に育てられる。中国のニッケイ（*Cinnamomum aromaticum* シナニッケイ）の樹皮［桂皮］はもっと厚くて香りも強く、五香粉に入っている。

⇧ *Cinnamomum verum*
茶畑に立つセイロンニッケイ。
プンチャック峠。西ジャワ（インドネシア）

⇧ *Cinnamomum verum*
赤い若葉と香りのよいシナモンスティック。
プンチャック峠。西ジャワ（インドネシア）

［バショウ科 Musaceae］

バショウ（仏日本のバナナの木）
Musa basjoo

バナナの木の属名ムサは、16世紀の教皇や国王たちの侍医として名を馳せたアントニオ・ムサに敬意をあらわしたものである。ムサ属の木はアジアとオセアニアの原産で、約50種あり、その果実（バナナ）を目的に世界中で栽培されている。しかしバショウ（芭蕉）の人気はバナナのためではなく（食用には適さない）、観賞用としての価値が高いためだ。この木は中国の亜熱帯地方（雲南省や四川省）の原産で、ムサ属のなかでは最も北に生育し、最も耐寒性がある。丈夫な根茎から新芽がでて、みるみる群落を形成する。緑色の偽茎はスポンジ状で、黄色っぽい葉鞘に包まれていることが多い。この葉鞘は古い葉が寒さで乾燥したものだ。沖縄では昔からバショウの偽茎にふくまれる繊維を利用して、布（芭蕉布）やさまざまな縄をつくっていた。バショウがフランスで「日本のバナナの木」とよばれるのは、この木について初めて記述されたのが日本だったからだ。

⇧ *Musa basjoo* パールフランスの林。
ジェネラルグ（フランス）

⇩ *Musa basjoo* 繊維質でスポンジ状の樹皮。サンジャン・キャップ・フェラ（フランス）

⇧（上）*Musa ornata*の花。
（下）*Musa acuminata*の実房。
フェアチャイルド熱帯植物園。
コーラルゲイブルス。
フロリダ（アメリカ合衆国）

［イネ科 Poaceae］
モウソウチク
Phyllostachys pubescens

モウソウチク（孟宗竹）は中国では「人民の友」とよばれて人々の暮らしに溶けこみ、1500通りにも使われている。竹はしなやかさと強さをあわせもつため、昔から理想的な建材として家、船、足場などにつかわれてきた。モウソウチクは中国産の竹のなかで最も人気が高い。ビタミンと繊維質に富むそのタケノコは、何千年も前からアジアの伝統料理の基本的食材となっている。若竹は驚くべき速さで生長し、1時間に5cm近くというスピードでぐんぐん伸びて20m余りの高さに達する。モウソウチクの特徴は「繊毛の生えた（pubescens）」鞘にあり、これが破れると白い粉をふいた緑の稈［竹の茎］があらわれる。竹の節間が伸びるのは、うろこ状に重なったこれらの鞘に守られているおかげである。

成長期の稈の変化 ➡ ➡ ➡

⇧ *Phyllostachys pubescens*
パールフランスの竹林。ジェネラルグ（フランス）

⇦ *Phyllostachys pubescens*
ぐんぐん伸びるタケノコ。パールフランスの竹林。ジェネラルグ（フランス）

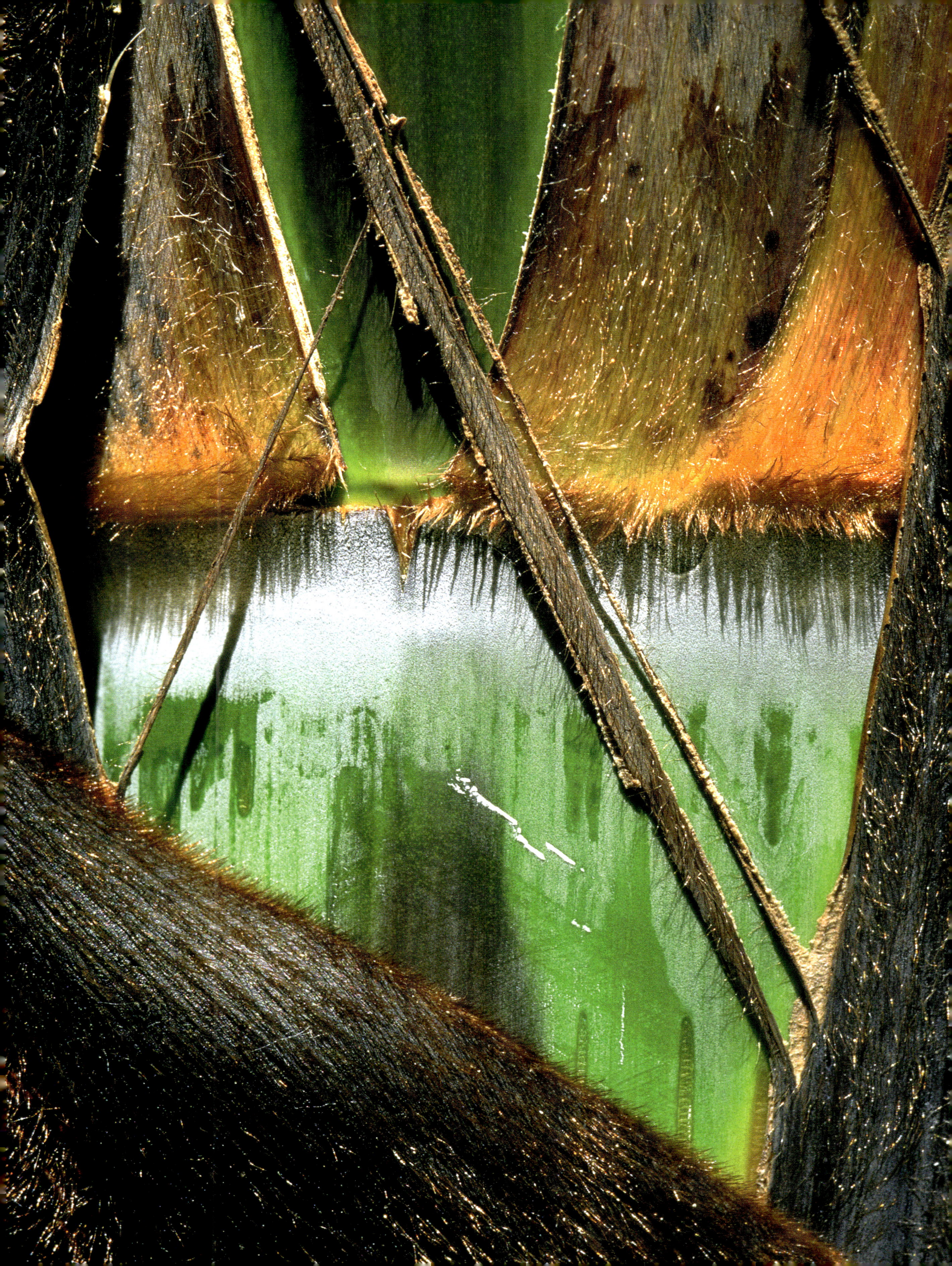

[イネ科 Poaceae]

タケ

タケは巨大な草であり、アジアでは何千年も昔からさまざまに利用されてきた。タケの種類が最も多いのはアジアだが、ヨーロッパを除く他の大陸にも自生する。タケには1500近くの種があり、大部分は熱帯性だが約5分の1は耐寒性と考えられている。一部のタケは非常に背が高く、生長が驚異的に速いことや（1日に1m近く）、花の咲く時期が今でもよくわかっていないことで知られる。

❶ *Gigantochloa atroviolacea*
ケブン・ラヤ・ボゴル（インドネシア）
❷ *Dendrocalamus asper*
サンジャン・キャップ・フェラ（フランス）
❸ *Phyllostachys pubescens* 'Bicolor'
竹林。ジェネラルグ（フランス）
❹ *Dendrocalamus giganteus*
ケブン・ラヤ・ボゴル（インドネシア）
❺ *Phyllostachys pubescens* 'Heterocycla'
竹林。ジェネラルグ（フランス）
❻ *Phyllostachys bambusoides*
'Castillonis Inversa'
竹林。ジェネラルグ（フランス）
❼ *Bambusa vulgaris* 'Vitatta'
リヨン市植物園（フランス）
❽ *Phyllostachys viridis* 'Sulfurea'
竹林。ジェネラルグ（フランス）
❾ *Phyllostachys viridis* 'Sulfurea'
竹林。ジェネラルグ（フランス）

❺

❽ ❾

［バラ科 Rosaceae］
チベットサクラ
Prunus serrula

サクラ属の植物は約200種を数え、果実（梅、さくらんぼ、あんず、桃）や種（アーモンド）を収穫するため、または日本の多くの桜のように単に咲き誇る花を愛でるために、おもに北半球の気候の温暖な地域で栽培されている。そのなかでチベットサクラは、冬枯れの庭にすばらしい色彩をもたらす赤味をおびた樹皮に特徴がある。花は白くて目立たず、時期も遅く、葉に隠れ、とりたてて見るほどのものではない。チベットサクラの存在をはじめて知った西洋人はイギリスの植物採集家アーネスト・ウィルソンである。彼は中国西南の山中でこの木を発見し、20世紀初頭にヨーロッパに紹介した。種小名セルラはラテン語で「小さなノコギリ」を意味している。これは秋に黄や赤に染まる葉の縁がギザギザであることをあらわしている。

⇧ *Prunus maackii*
ウェストンバート森林公園。テトベリー（イギリス）

⇧ *Prunus rufa*
ハージェスト・クロフト庭園。キングトン（イギリス）

⇦ *Prunus serrula*
マルキ森林公園。ヴェルニオーズ（フランス）

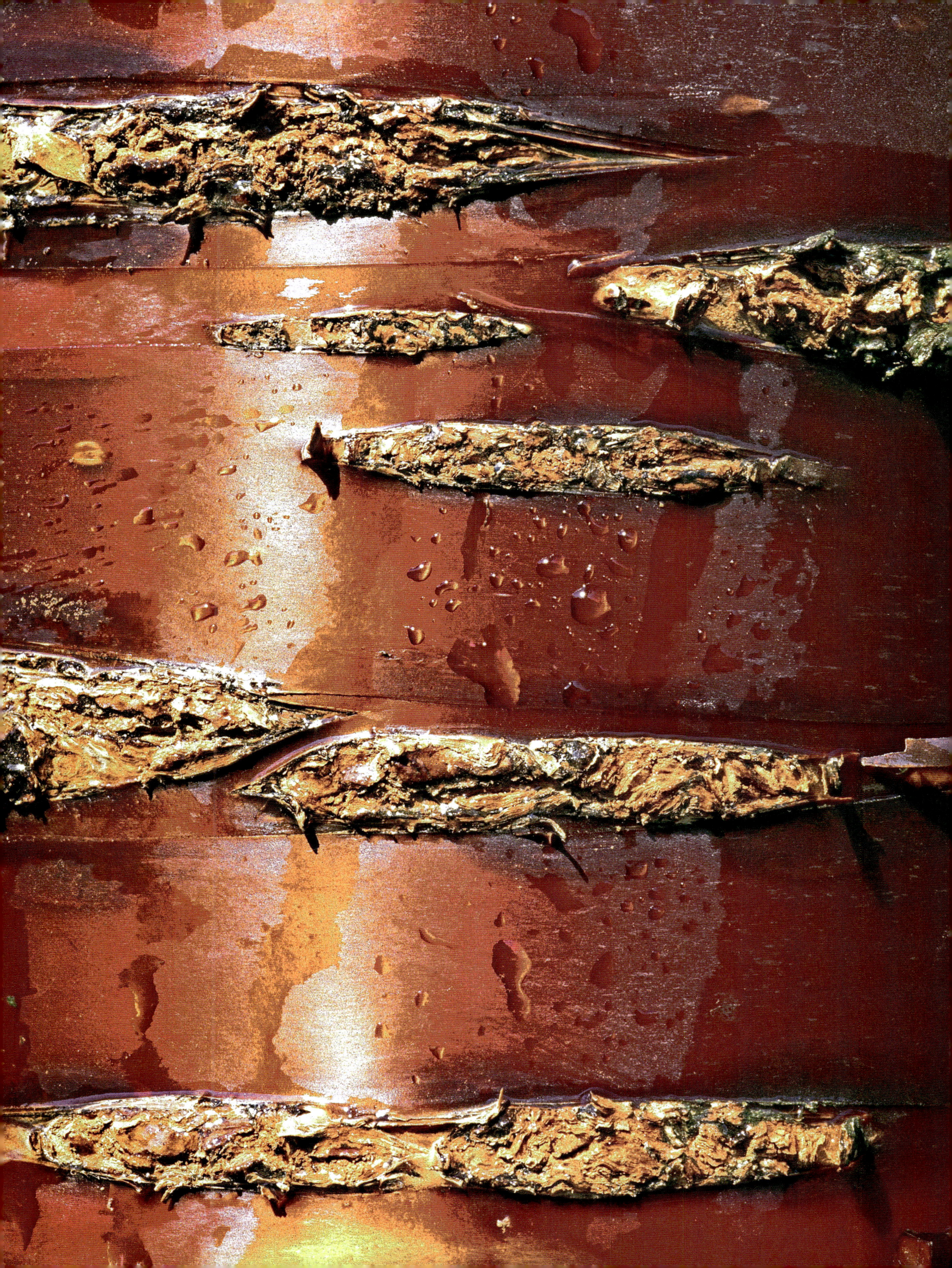

[カバノキ科 Betulaceae]
チャイニーズレッドバーチ（仏中国の赤樺）
Betula albosinensis

この驚くべきカバノキの原産地は中国の中部と西部の落葉樹林である。西洋へはイギリスの有名な植物採集家アーネスト・ウィルソンによって20世紀初頭に紹介された。カバのなかでも大きい部類に属し、自然の状態では30mほどの高さになる。たいていのカバは白っぽい灰色か、青みがかった灰色の樹皮を特徴としているが、中国の赤樺は思いがけない色彩のあらゆる階調をみせてくれる。樹皮の色は赤茶色、オレンジ色、ココア色、ときには薔薇色や紫色がまじることもある。秋の陽光にきらめく黄色の葉もすばらしい。

⇦ *Betula albosinensis*
感光性の多色の樹皮。ハージェスト・クロフト庭園。キングトン（イギリス）

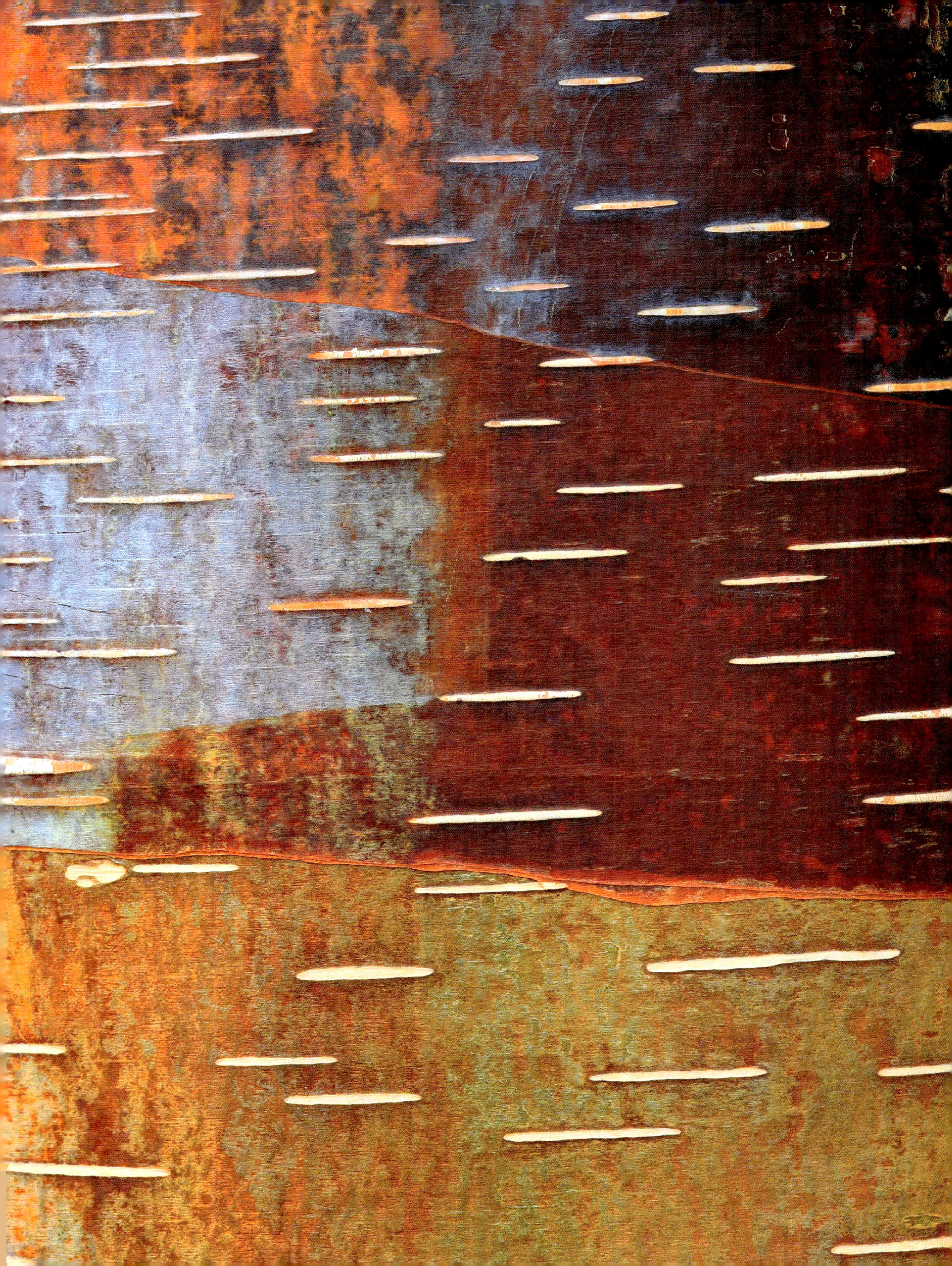

[カバノキ科 Betulaceae]

ヒマラヤシラカバ
Betula utilis

植物学者にとって、樺の木の分類は頭のいたい難問である。栽培種でも自生種でも、カバはとても交雑しやすく、異なる外観と多くの混乱を生み出すからだ。ヒマラヤシラカバはヒマラヤの樺の木の代表格で、ネパールのきわめて標高の高い（4000m以上）地域に生えている。種小名ウティリスはラテン語で「便利な」という意味で、この木が多様な用途をもっていることをさしている（屋根葺き材、紙など）。デンマークの植物学者ナタニエル・ワリッヒは19世紀初頭、カルカッタ植物園の園長をしていたときにこの木を発見した。この木の樹皮はヒマラヤ山脈にそってさまざまな色合いを見せてくれる。純白（var. *jacquemontii*）、暗い灰紫（var. *prattii*）、淡青、クリーム色、ばら色や朱色（var. *utilis*）など。

⇐ *Betula utilis* var. *jacquemontii*
真っ白な樹皮。サー・ハロルド・ヒリアー庭園。
アンプフィールド（イギリス）

⇒ *Betula utilis* var. *jacquemontii*
マルキ森林公園。ヴェルニオーズ（フランス）

⇧ *Betula utilis*
サー・ハロルド・ヒリアー庭園。
アンプフィールド（イギリス）

⇧ *Betula utilis* var. *utilis*
ハージェスト・クロフト庭園。
キングトン（イギリス）

⇧ *Betula utilis* var. *prattii*
ハージェスト・クロフト庭園。
キングトン（イギリス）

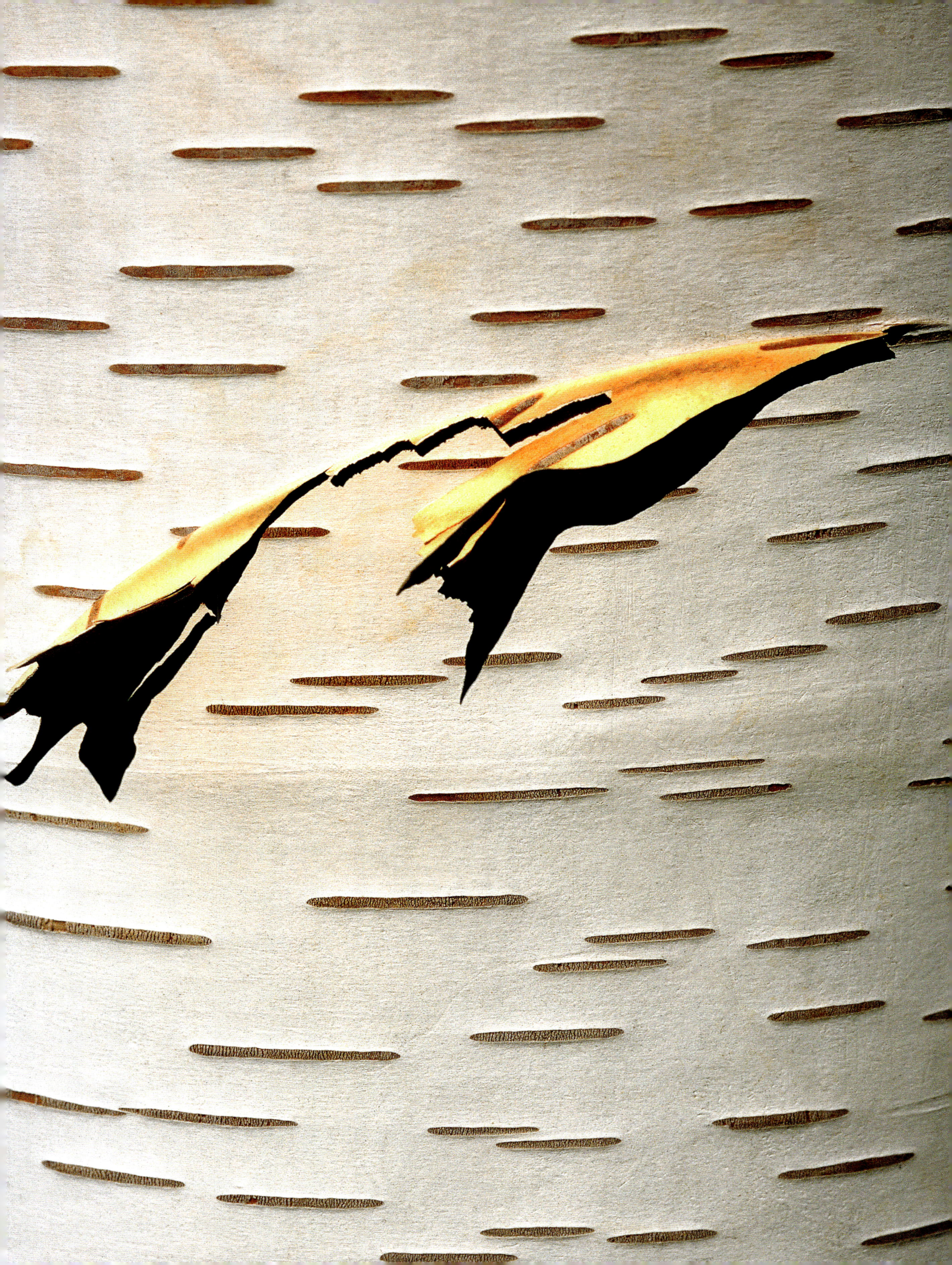

[カバノキ科 Betulaceae]
カバノキ

カバノキ属の木は数十種あり、どれも北半球の寒帯と温帯の原産である。先駆植物［裸地に最初に定着する植物］で、とても丈夫であり、痩せた土地でも極寒の極地方でも生育する。同じ科の別の属にハシバミ、ハンノキ、クマシデなどがある。カバノキは昔から人々に崇められ、人々を風雪から守り、暖め、照らし、癒し、のどをうるおすために広く利用されてきた。

❶ *Betula delavayi*
ウェストンバート森林公園。テトベリー（イギリス）
❷ *Betula* 'Hergest'
ハージェスト・クロフト庭園。キングトン（イギリス）
❸ *Betula utilis*
ウェイクハースト・プレイス。アーディングリ（イギリス）
❹ *Betula utilis* var. *prattii*
ウェイクハースト・プレイス。アーディングリ（イギリス）
❺ *Betula forrestii*
ヒリアー庭園。アンプフィールド（イギリス）
❻ *Betula costata*
ウェストンバート森林公園。テトベリー（イギリス）
❼ *Betula albosinensis*
ハージェスト・クロフト庭園。キングトン（イギリス）
❽ *Betula grossa*
ウェイクハースト・プレイス。アーディングリ（イギリス）
❾ *Betula papyrifera*
ハージェスト・クロフト庭園。キングトン（イギリス）
❿ *Betula* 'Dick Banks'
ハージェスト・クロフト庭園。キングトン（イギリス）
⓫ *Betula davurica*
アーノルド樹木園。ボストン（アメリカ合衆国）
⓬ *Betula* sp.
ウェイクハースト・プレイス。アーディングリ（イギリス）

⑪

⑫

⑥ ⑦ ⑧ ⑨ ⑩

[ニレ科 Ulmaceae]
ショウヨウケヤキ（仏中国の欅）
Zelkova sinica

今から200万〜500万年前の鮮新世の頃、ケヤキは北半球のいたるところで大きな森を形成していたが、第四紀の氷河時代にその分布域は大幅に縮小してしまった。今でも生き残っている種はわずか半ダースほどで、それらが地中海の島々（シチリア島、クレタ島）とカフカス地方とアジア東部にそれぞれ孤立した個体群をつくっている。ゼルコヴァという属名は、カフカスの人々が現地種*Zelcova carpinifolia*（英名コーカシアン・エルム）を呼ぶときの名前「ツェルクワ」に由来する。ショウヨウケヤキ（小葉欅）は中国原産で、ヨーロッパには20世紀初頭、アーネスト・ウィルソンによって紹介された。ケヤキは近縁のニレと同じく、盆栽用の広葉樹として人気がある。その葉は、春、芽が出たばかりのときはピンク色に近く、秋には紅葉する。

⇧ *Zelkova serrata*
アーノルド樹木園。ハーヴァード大学。
ボストン。マサチューセッツ（アメリカ合衆国）

⇧ *Ulmus parvifolia*
ケヤキと近縁のアキニレ。アデレード。
南オーストラリア（オーストラリア）

⇨
⇦ *Zelkova sinica*
アーノルド樹木園。ハーヴァード大学。
ボストン。マサチューセッツ（アメリカ合衆国）

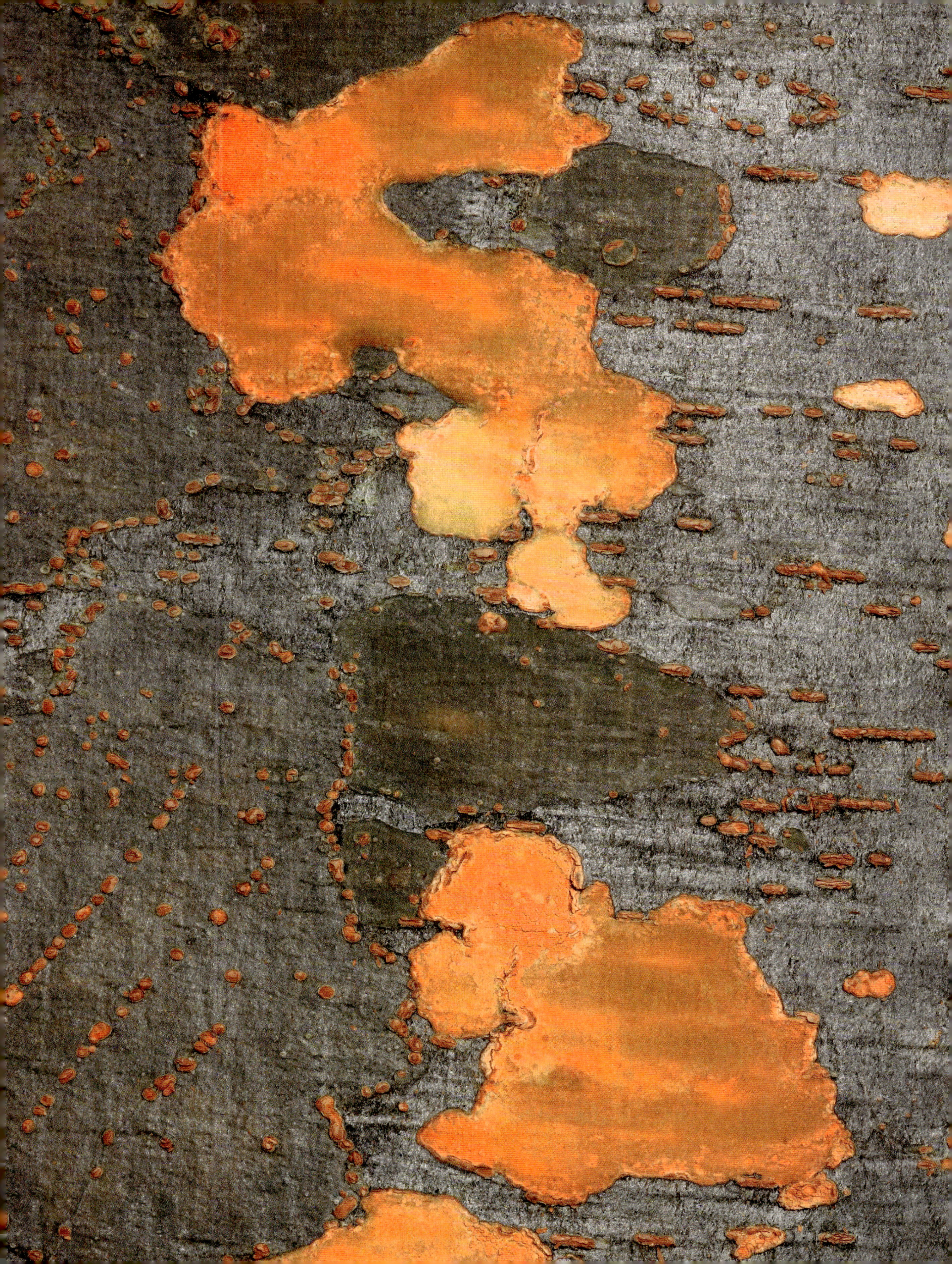

[マツ科 Pinaceae]
シロマツ （仏ナポレオン松）
Pinus bungeana

幹が何本もあるこのすばらしいマツの種小名ブンゲアナは、1831年、北京の寺院の庭でこの木を見つけたウクライナの植物学者アレクサンドル・フォン・ブンゲにちなんでいる。シロマツ（白松）は中国の中部と北部の原産で、仏教の寺や墓地によく植えられてきた。他にはほとんど利用されなかったが、それは生長がとても遅いからだ。このため何年も辛抱強く待たなければ、マツなのにプラタナスを思わせるこの木の樹皮を愛でることはできない。樹皮が丸みをおびた断片となってはがれ落ちると、緑色と灰色の地に黄色やマホガニー色の斑が入った新しい幹があらわれる。木が歳をとるにしたがって樹皮は白くなる。フランスでナポレオン松とよばれるのは、この松が発見された翌年に21歳で早世したナポレオン2世に敬意をあらわしたものだ。

⇧ 季節と方角に応じて樹皮の色が変わる。

⇦ *Pinus bungeana*
リヨン市植物園（フランス）

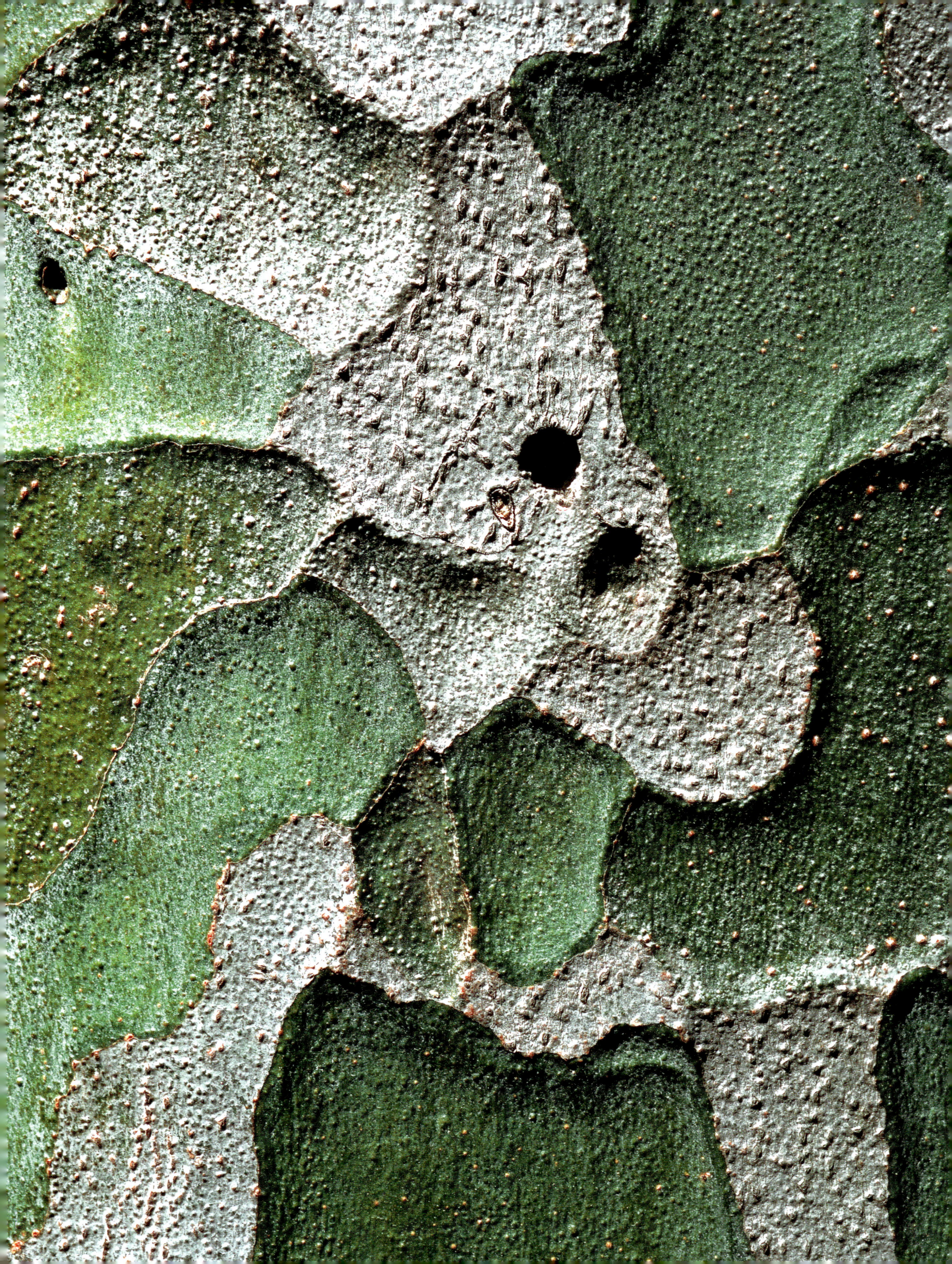

[ツバキ科 Theaceae]

ナツツバキ(別シャラノキ)

Stewartia pseudocamellia

ナツツバキ(夏椿)は茶の木(*Camellia sinensis*)の近縁で、高さは15メートルほどになる。日本の本州南部から四国、九州までの森に生えているが、韓国にも見られるので寒さに耐えることがわかる。ナツツバキは一年を通して魅力的だ。夏には椿に似た、はかない白い花が一面に咲く。秋になると葉の色がうつくしい黄、橙、赤にかわる。葉が落ちると、裸になった木の幹に、思いがけないオレンジ色のまだら模様があらわれる。スチュアーティアという属名は、18世紀のスコットランドの貴族、ジョン・ステュアート伯爵に捧げられている。彼はイギリスの首相までつとめた政治家で、そのかたわらで植物学に熱中し、イギリスのキュー王立植物園を本格的な植物園にするために尽力した。

⇧ *Stewartia monadelpha*(ヒメシャラ)
ウェストンバート森林公園。
テトベリー(イギリス)

⇧ *Stewartia sinensis*(チャノキ)
ウェイクハースト・プレイス。
アーディングリ(イギリス)

⇐
⇒ *Stewartia pseudocamellia*(ナツツバキ)
アーノルド樹木園。ハーヴァード大学。ボストン。
マサチューセッツ(アメリカ合衆国)

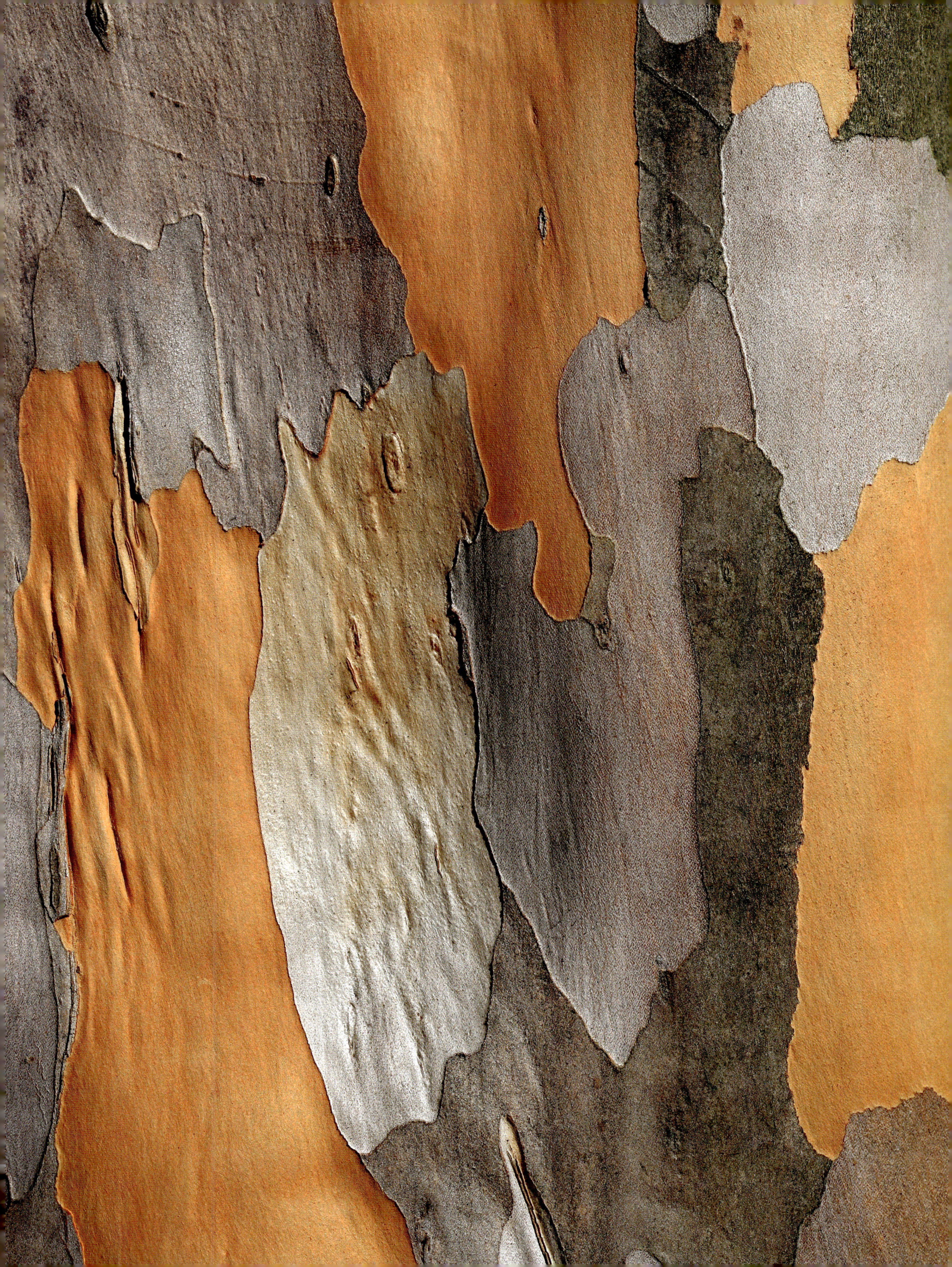

[ミソハギ科 Lythraceae]

サルスベリ'ナッチェス' (仏インドのライラック)

Lagerstroemia 'Natchez' (*L.indica* 'Pink Lace' x *L.fauriei*)

サルスベリ属は、おもに東南アジア原産のとても美しい高木や灌木の約50種からなっている。ラゲルストロエミアという属名は、スウェーデン東インド会社の社長をつとめたマグヌス・フォン・ラゲルストロームに捧げられたものだ。彼はアジアの植物をたくさん採集し、ナチュラリストの友人、リンネにゆずった。リンネは属名と種小名で生物の種をあらわす現行の二名法の生みの親である。サルスベリ（*L. indica*）は中国の原産だが、種小名はインディカで、フランスでも「インドのライラック」と呼ばれている。これは上質の木材と、ライラックに似た華やかな花を求めて、インドで大量に植栽されたためだ。1950年、屋久島で、サルスベリより丈夫なヤクシマサルスベリ（*L.fauriei*）が発見され、アメリカ人がこれらを交配させて数百の雑種をつくった。その1つが、赤味をおびた美しい樹皮で有名な栽培変種'ナッチェス'である。

⇧ *Lagerstroemia* 'Natchez' ブルックリン植物園。ニューヨーク（アメリカ合衆国）

⇧ *Lagerstroemia speciosa*
ケブン・ラヤ・ボゴル。
西ジャワ（インドネシア）

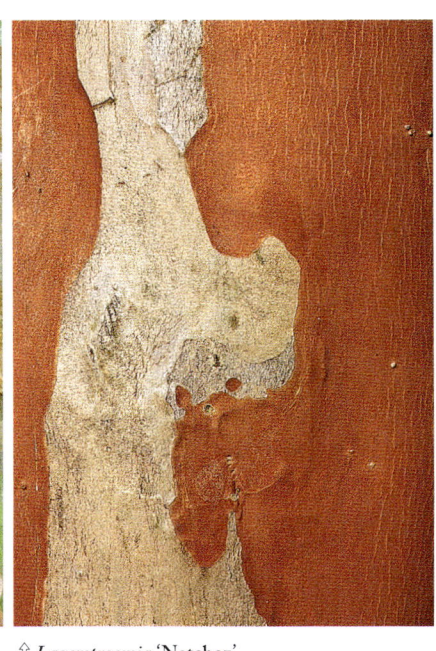

⇧ *Lagerstroemia* 'Natchez'
ブルックリン植物園。
ニューヨーク（アメリカ合衆国）

⇧ *Lagerstroemia duperreana*
ケブン・ラヤ・ボゴル。
西ジャワ（インドネシア）

［ムクロジ科 Sapindaceae］
アカハダメグスリノキ（仏シナモン楓（かえで））
Acer griseum

アカハダメグスリノキは、イギリスの有名な植物採集家アーネスト・ウィルソンによって、中国の四川省で発見された。1901年、ウィルソンは、いつも新しい植物を求めているイギリスの種苗会社、ヴィーチ商会にこの木を紹介した。アカハダメグスリノキは生長が非常に遅いにもかかわらず、赤褐色の樹皮が美しいため観賞用樹木としてよくつかわれる。この樹皮は薄い断片となってはがれ、くるりと丸まってシナモンスティックのようになる。種小名のグリセウムは「灰色の」という意味で、翅果（しか）（果皮の一部が翅（はね）のようになった果実）と葉裏がうぶ毛のために灰色がかって見えることをさしている。葉は3つの小葉からなる掌状複葉（しょうじょうふくよう）で、秋には真っ赤に紅葉する。

⇦
⇨ *Acer griseum*
アーノルド樹木園。ハーヴァード大学。ボストン。
マサチューセッツ（アメリカ合衆国）

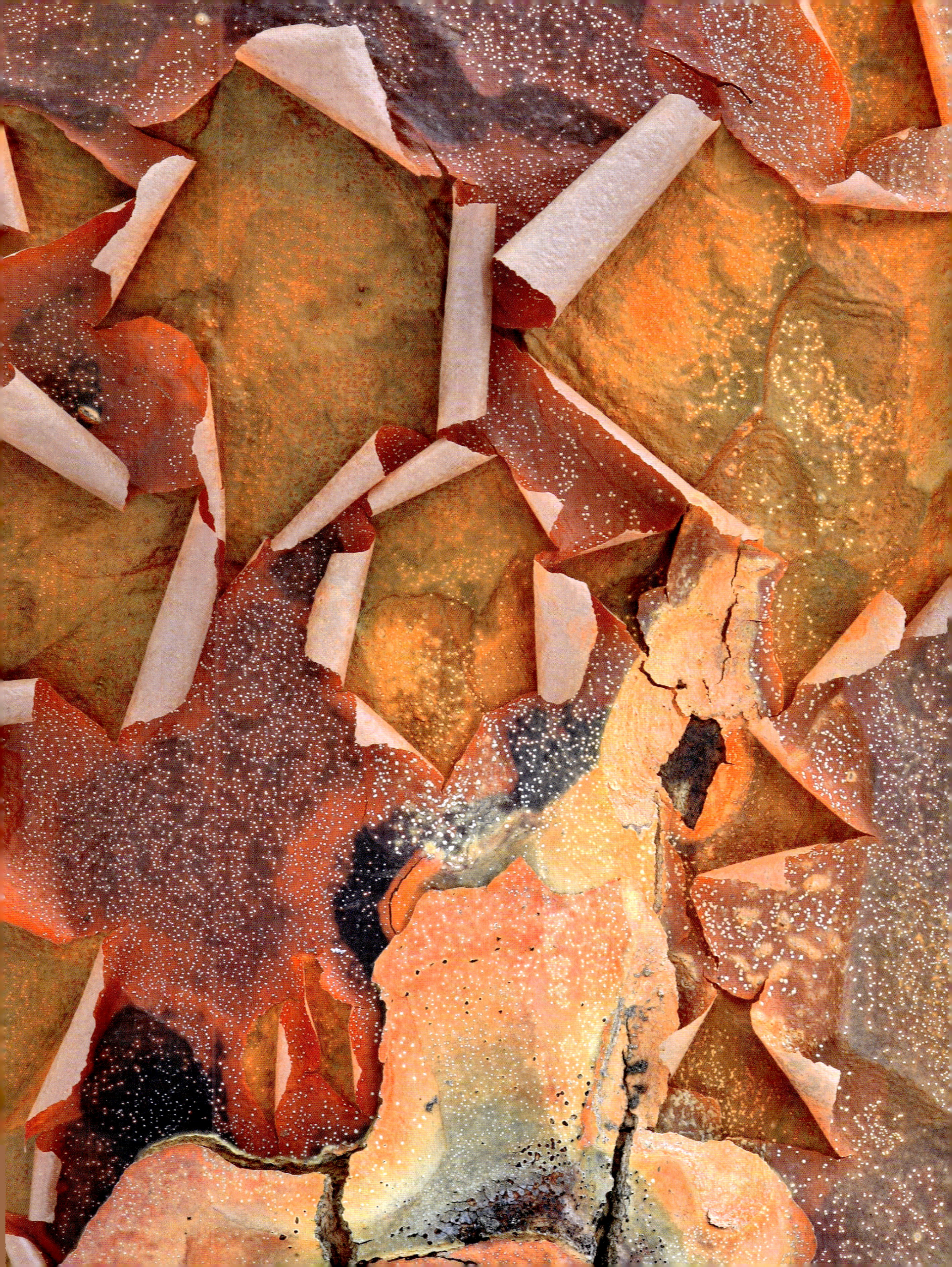

[ムクロジ科 Sapindaceae]

シナカエデ（仏ダヴィド神父の楓）

Acer davidii

シナカエデは中国の中部および西部の高地森林の原産で、いわゆる「蛇皮紋カエデ」のグループのなかでは最も広く分布している。英名スネークバーク・メイプル。この木は1879年、アルマン・ダヴィド神父によって発見された。彼は中国からパリの植物園にさまざまな標本を送った熱心な植物愛好家だ。白の縦縞が入ったシナカエデの緑の樹皮は、冬に見ると特にすばらしい。葉もおとらず美しく、春はブロンズがかった赤、夏は深緑、秋には金のような黄色、と季節とともに色を変えていく。シナカエデは分布域が広い上に交雑しやすいため、同じ種のなかにさまざまなタイプがある。アケル・ダヴィディイ'ロザリー'（*Acer davidii* 'Rosalie'）などの栽培変種のなかには、葉ではなく樹皮が、季節によって夏は緑、冬は白の縞が入った赤というふうに色を変えるものもある。

⇐ *Acer davidii*
秋の装いのシナカエデ。国立バール樹木園。
ノジャン・シュル・ヴェルニソン（フランス）

⇒ *Acer davidii*
マルキ森林公園。ヴェルニオーズ（フランス）

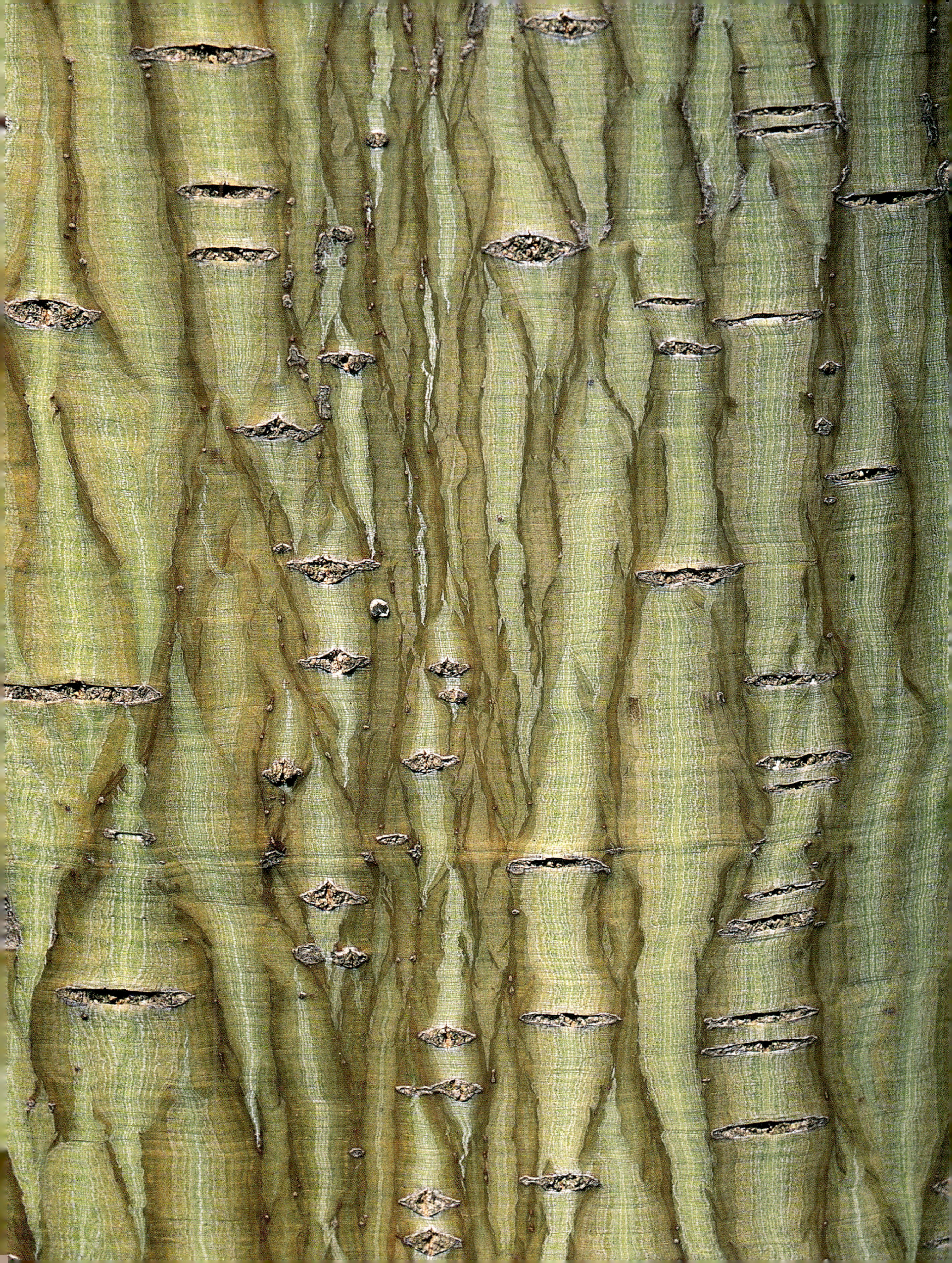

［ムクロジ科 Sapindaceae］
カエデ

カエデ属はおよそ120種からなる。すべて北半球の温暖な地方の原産で、大多数はアジア（種全体の4分の3）か北アメリカの産である。カエデは秋に世界中をあざやかな赤や黄に染める掌形の葉で知られる。奇妙な翅のついた実（翅果）は、木を離れるとヘリコプターのプロペラのようにくるくる回りながら落ちてくる。「蛇皮紋カエデ」とよばれる20種ほどのカエデは、色のついた縦縞入りの樹皮で見る人を驚かせる。

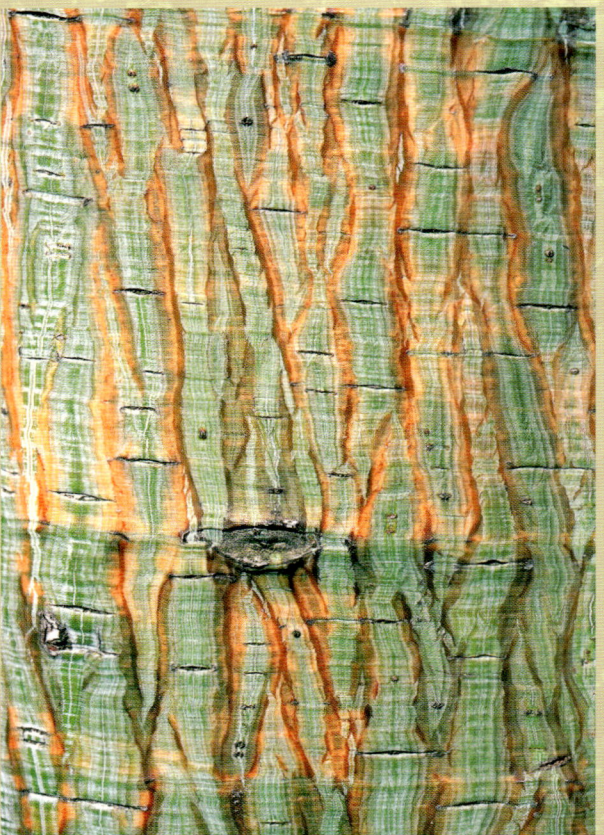

❶ *Acer rufinerve* 'Albolimbatum'
ヒリアー・ガーデンズ。アンプフィールド（イギリス）
❷ *Acer x conspicuum* 'Silver Cardinal'
マルキ森林公園。ヴェルニオーズ（フランス）
❸ *Acer capillipes*
ヒリアー・ガーデンズ。アンプフィールド（イギリス）
❹ *Acer x conspicuum* 'Phoenix'
マルキ森林公園。ヴェルニオーズ（フランス）
❺ *Acer davidii*
マルキ森林公園。ヴェルニオーズ（フランス）
❻ *Acer griseum*
ウェイクハースト・プレイス。アーディングリ（イギリス）
❼ *Acer morifolium*
ウェストンバート森林公園。テトベリー（イギリス）
❽ *Acer miyabei*
ウェストンバート森林公園。テトベリー（イギリス）
❾ *Acer pensylvanicum* 'Erythrocladum'
ヒリアー・ガーデンズ。アンプフィールド（イギリス）
❿ *Acer triflorum*
アーノルド樹木園。ボストン（アメリカ合衆国）
⓫ *Acer griseum*
キュー植物園。リッチモンド（イギリス）
⓬ *Acer rubescens*
ヒリアー・ガーデンズ。アンプフィールド（イギリス）

⑪ ⑫

⑥ ⑦ ⑧ ⑨ ⑩

[マンサク科 Hamamelidaceae]

ペルシアンパロティア
Parrotia persica

ペルシアンパロティアはパロティア属をなすただ1種の植物で、イラン北部とカフカス地方（トルコ、グルジア）の原産である。とても色彩ゆたかな木で、何本にも分かれた幹が季節に応じてさまざまな色のパレットをみせてくれる。冬には花びらのない赤い花が咲き、その間から緑、黄、オレンジ、灰色のまだら模様の樹皮がのぞく。春になると紫色の新芽があらわれ、やがて柔らかい緑色にかわっていく。きわめつきは秋で、すべての葉が微妙に緑色を残しながら黄、オレンジ、赤、ブロンズに染まる。属名のパロティアはドイツ人の医師F.W.フォン・パロットに敬意をあらわしたものだ。彼は1811年、20歳の若さで探検と地図作成のためにカフカスにむけて出発した。1829年には、ノアの箱船が大洪水の引いたあとに止まったといわれるアララト山（5165m）に初登頂をはたしている。

⇧ *Parrotia persica*
ブルックリン植物園。
ニューヨーク（アメリカ合衆国）

⇧ *Parrotia persica*
ブルックリン植物園。ニューヨーク（アメリカ合衆国）

⇧ *Parrotia persica*
キュー植物園。リッチモンド（イギリス）

⇧ *Gleditsia caspica*
カスピカイ・サイカチ。アーノルド樹木園。ハーヴァード大学。
ボストン、マサチューセッツ（アメリカ合衆国）

⇦ *Gleditsia triacanthos*
アメリカ・サイカチ。アーノルド樹木園。ハーヴァード大学。
ボストン、マサチューセッツ（アメリカ合衆国）

［ジャケツイバラ科 Caesalpinaceae］
カスピカイサイカチ
（仏 カスピ海のサイカチ）
Gleditsia caspica

細長い棘のかたまりが幹と枝のあちこちについているのがサイカチ属の特徴だ。サイカチ属は12種ほどの落葉樹からなり、アメリカと特にアジアにみられる。カスピ海のサイカチはイラン北部とカフカス山脈の東側に自生し、高さは10〜12mに満たない。棘は白いが、若いときは赤味をおびている。グレディチアという属名は18世紀ドイツの植物学者ヨハン・ゴットリーブ・グレディッチにちなむ。彼はベルリン植物園の園長で、植物学と園芸学について多くの本を書いた。

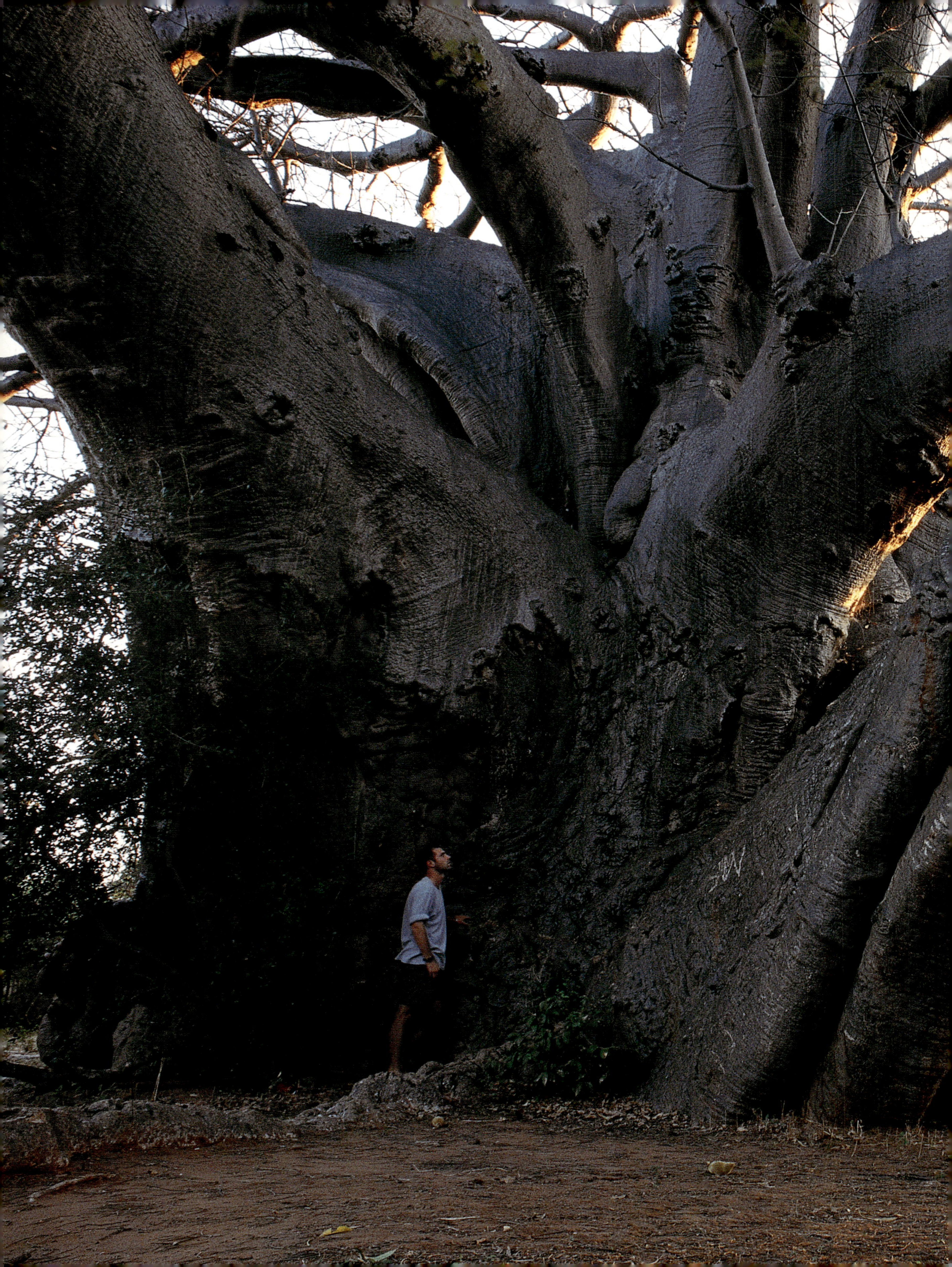

AFRICA

アフリカ

Adansonia digitata
(和名バオバブノキ)
周長33mという巨大な幹をもつ
サゴルバオバブは、
世界最大の樹木のひとつである。
リンポポ（南アフリカ）

［リュウケツジュ科 Dracaenaceae］
リュウケツジュ (別ドラセナ)
Dracaena cinnabari

リュウケツジュ（竜血樹）の学名は、「竜（dragon）」を意味するギリシア語ドライカイナと、「辰砂（cinnabar）」を意味するキンナバリを合わせたものだ。辰砂は赤色顔料の原料なので、これによってこの木の血のように赤い樹脂の色をあらわしている。リュウケツジュはソコトラ島（イエメン）のシンボルで、島民の暮らしのなかでとても重要な位置をしめている。樹脂のしずくは医療目的で採取され、止血、結膜炎の治療、傷の癒着などにつかわれる。葉と花と実は家畜の重要な栄養源だ。葉の繊維はとても丈夫な縄の材料となり、花は世界一貴重なハチミツの蜜源である。ただ残念なことに、島の乾燥化、ヤギの過密放牧、樹脂の乱採取、最近この木がミツバチの巣箱の材料につかわれるようになったことなどにより、リュウケツジュの個体群の生存はおびやかされている。

⇧ *Dracaena cinnabari*
赤い樹脂の伝統的な採取。ソコトラ島（イエメン）

⇦
⇨ *Dracaena cinnabari*
ハマデロ高原の竜血樹林。ソコトラ島（イエメン）

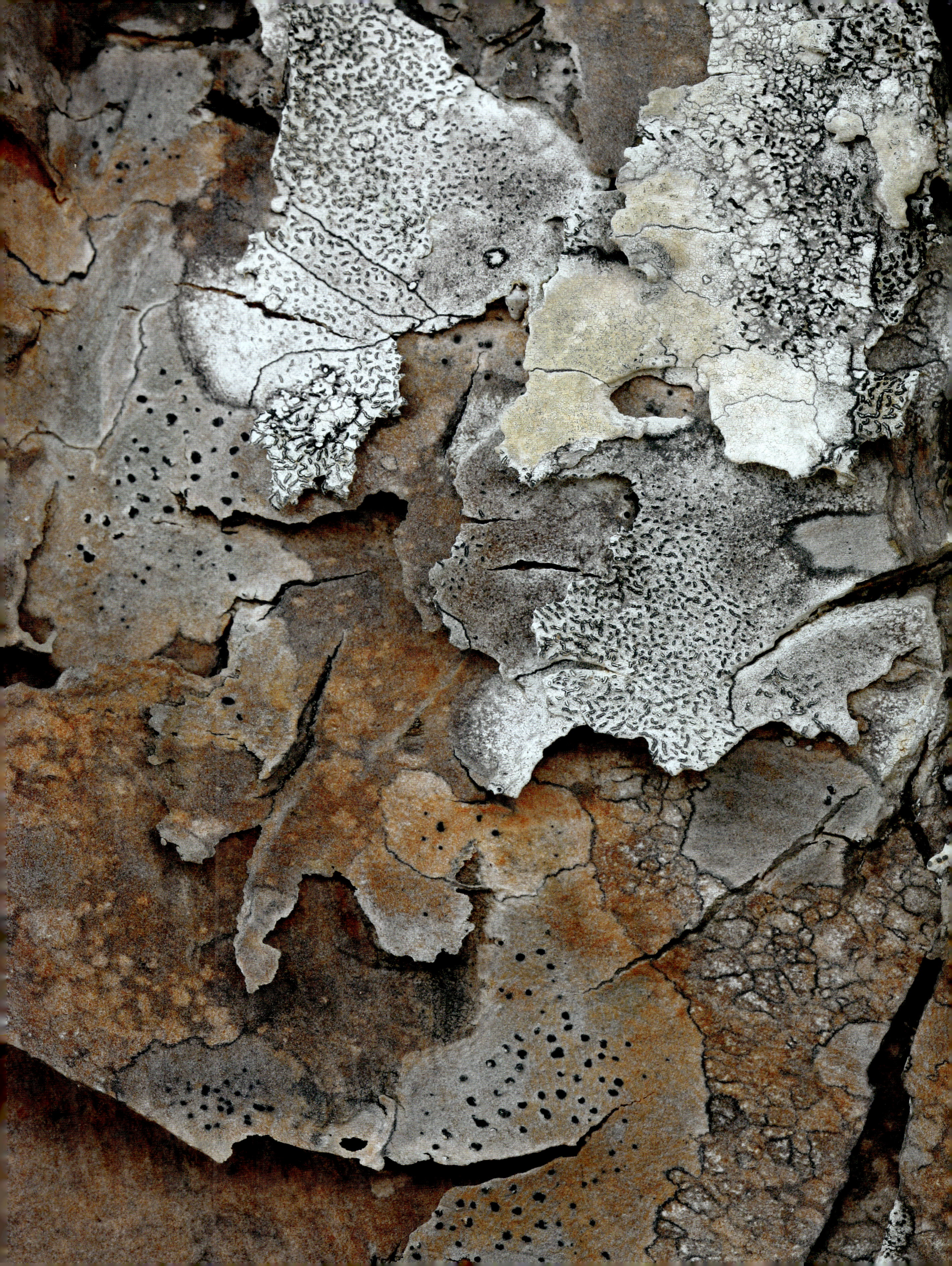

⇧ *Boswellia elongata* ソコトラ島（イエメン）　　　　　　　　　　　　　　　⇨ *Boswellia elongata* の固まる前の乳香のしずく。

[カンラン科 Burseraceae]

ニュウコウジュ
Boswellia elongata

ソコトラはアラビア半島南部のイエメンの領土で、ソマリアの東の海に浮かぶ島である。めずらしい植物が豊富で、世界中の乳香樹24種のうち8種がこの島の産だ［乳香は乳香樹の樹脂。イエスキリストの誕生を祝して東方の三博士が捧げたといわれる贈り物のひとつ］。イエメンはいつの時代にもこの貴重な樹脂の交易に重要な役割を演じてきた。古代、乳香の値段は金をしのいでいたほどだ。乳香のしずくは内樹皮の樹脂腺まで傷をつけて採取されることが多い。ここに挙げたボスウェリア・エロンガータからとれる乳香はあまり上質ではないので、商取引の対象にはならない。それでもソコトラの人々はガムのようにこれを噛んで口臭を消し、外樹皮と同じく香のように焚いて空気をきれいにし、悪霊をはらう。陶器をつくるときは、樹脂を接着剤として用い、乾いた木を燃やした煙でマホガニー色をつける。家畜の飼料が不作のときは、この木の葉が代わりに利用される。

⇧ *Boswellia ameero*
ソコトラ島（イエメン）

⇧ *Boswellia socotrana*
根もとの乳香の粒（左）と市場で売られている乳香の粒（右）。

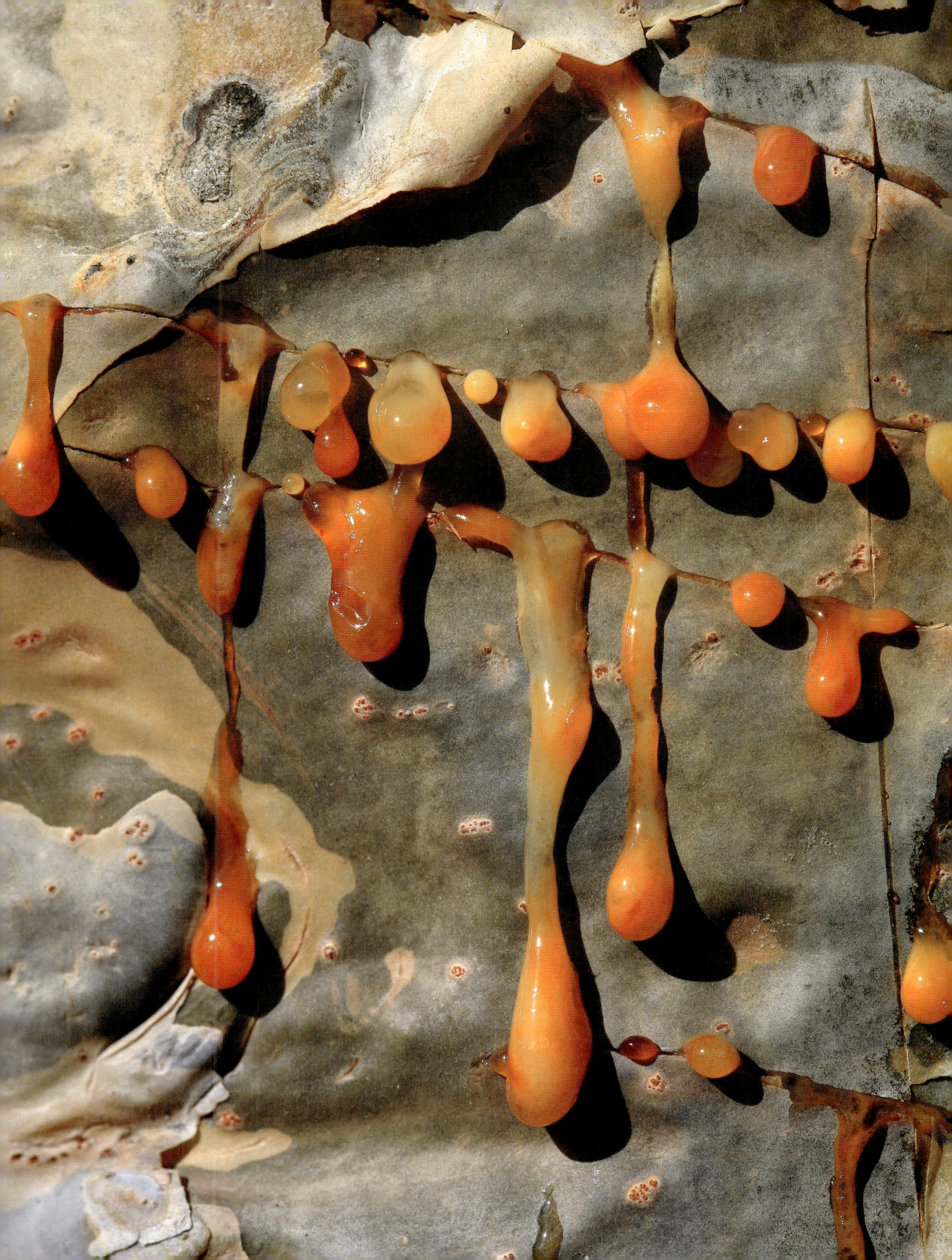

［アオイ科 Malvaceae］
ソコトラスターチェスナット（仏ソコトラの星形栗の木）
Sterculia Africana var. *socotrana*

ソコトラスターチェスナットは、アフリカンスターチェスナットのソコトラ固有変種で、樹高15mの高みから島の植物たちを見おろしている。その実は独特で、果皮は3～5個の室が集まって星形をなしている。スターチェスナット（「星形栗の木」の意）という通称はそこから来ている。実のなかの種子は、焼いたり粉に挽いたりして食用にする。島の家畜にとってはこの木全体が主要な食べ物だ。紫がかった幹は、剥落が終わると黄色味をおびる。ステルクリアという属名は「堆肥」を意味するラテン語ステルクスに由来する。これはある種（和名ヤツデアオギリ *S.foetida*）の花が悪臭を放つためだ。ステルクリウスというのは古代ローマの農耕神サトゥルヌスの異名。土地に堆肥をまくという農耕技術は彼が発明したのだという。

⇧ *Sterculia Africana* var. *socotrana*
島で一番背の高い木。ソコトラ島（イエメン）

⇧ *Sterculia Africana* var. *socotrana* ソコトラ島（イエメン）

⇧ *Sterculia rogersii* リンポポ（南アフリカ）

AFRICA 167

［キョウチクトウ科 Apocynaceae］
デザートローズ（仏ソコトラの砂漠の薔薇）
Adenium socotranum

アデニウムは塊茎（根元が肥大化した幹）をもつ多肉植物の典型で、アラビアとアフリカの熱帯地方に生えている。アデニウムという属名はイエメンの有名な古い港町、アデンに由来する。三月、濃淡のニュアンスに富んだ薔薇色の花が咲き、唯一の原産地であるソコトラ島の乾いた風景をいろどる。ソコトラ島には高さ5m、幅2mという堂々たる「砂漠の薔薇」もある。樹液は傷の消毒や、サソリの刺し傷の鎮痛、家畜をダニから守るためにつかわれる。魚を捕るための毒としても役に立つ。

⇦⇧ *Adenium socotranum*
潟湖の近くに生えている。ソコトラ島（イエメン）

[バショウ科 Musaceae]
アビシニアンバナナ
Ensete ventricosum

アビシニアンバナナは数十年前までムサ属（本来のバナナ）に分類されていた。しかしムサ属とはちがって、4〜5年かけて生長し、花を咲かせ、死んだあとは新芽を残さない。この木はふくらんだ幹と赤い主葉脈でかんたんに見分けがつく。アビシニアンバナナはグラゲ族（エンセテの民の名で知られるエチオピアの民族）の伝統的な暮らしのなかでとても重要な位置をしめている。葉は葬儀や医療に用いられる。根はデンプンを多く含むので、「コチョ」とよばれるパンをはじめ、デンプン質の食品の主原料となる。幹は、若いときは食用となり、繊維に富むので縄やさまざまな織物製品をつくるのにつかわれる。

⇦⇧ *Ensete ventricosum*
シドニー植物園。
ニューサウスウェールズ州（オーストラリア）

⇨ *Ensete ventricosum*
サンジャン・キャップ・フェラ（フランス）

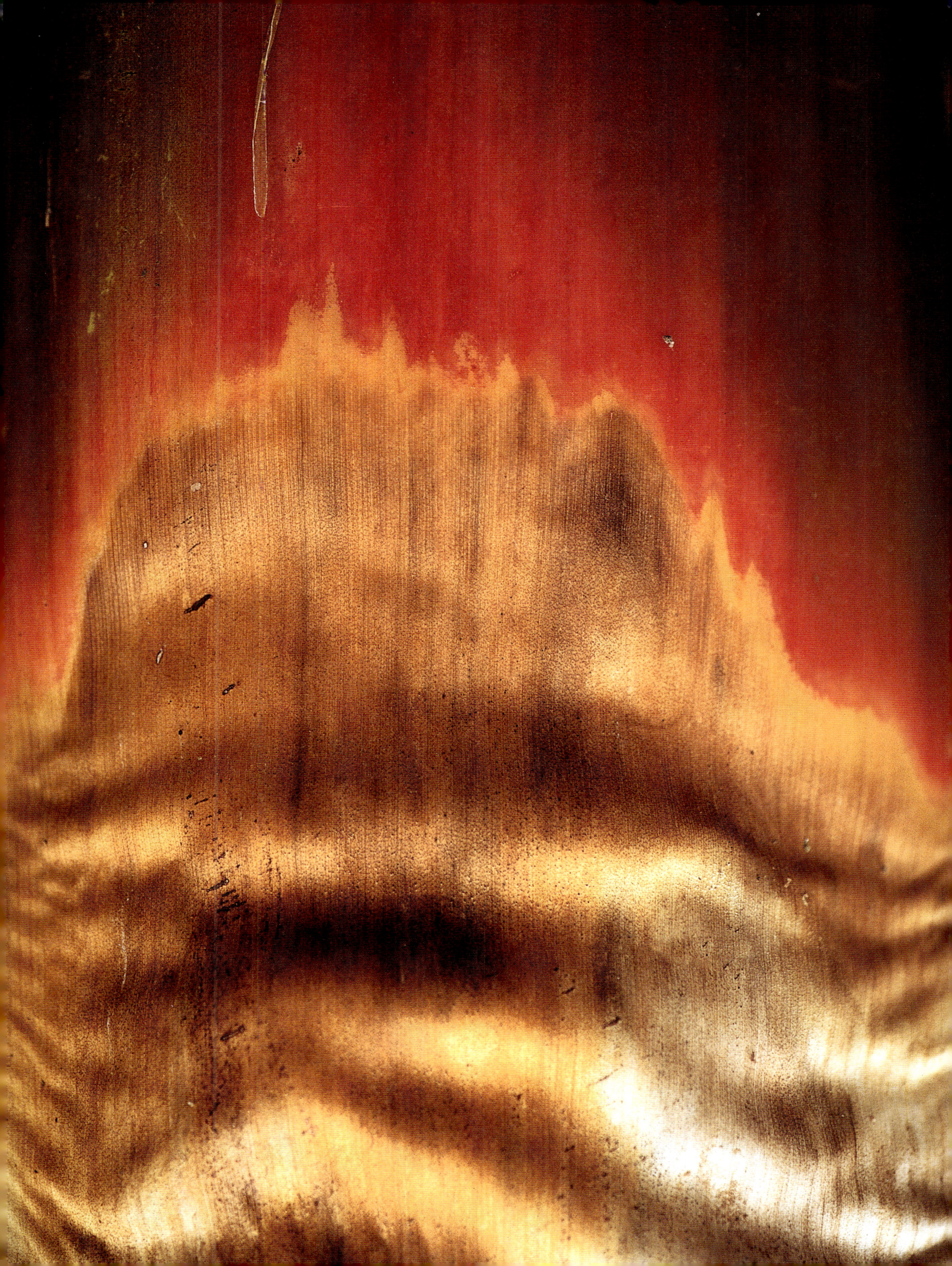

⇧ *Ravenala madagascariensis* マダガスカルのシンボルツリー。ラノマファナ国立公園（マダガスカル）

[ゴクラクチョウカ科 Strelitziaceae]

タビビトノキ（別 オウギバショウ）
Ravenala madagascariensis

マダガスカルを象徴する木であるタビビトノキ（旅人の木）には、いかにも熱帯らしい異国情緒がただよっている。この木はマダガスカル島のおもに東海岸に自生する。植物学的にはあの有名なゴクラクチョウカ属（極楽鳥花 *Strelitzia*）にとても近いが、ヤシかバナナの仲間だと思っている人は今でもかなり多い。長い葉柄の付け根に、雨水がたまる。その水がよどんでいようが昆虫の幼虫がうごめいていようが、マダガスカルの森で迷った旅人にとっては天の助けだろう。タビビトノキという名前はそこに由来する。長くて美しい葉と擬似幹は昔ながらの住居の建材としてつかわれる。種はデンプンに富み、トルコブルーの独特な種衣をとりのぞき、粉に挽いて、ミルクで煮て食べる。

⇨ *Ravenala madagascariensis*
ラノマファナ国立公園（マダガスカル）

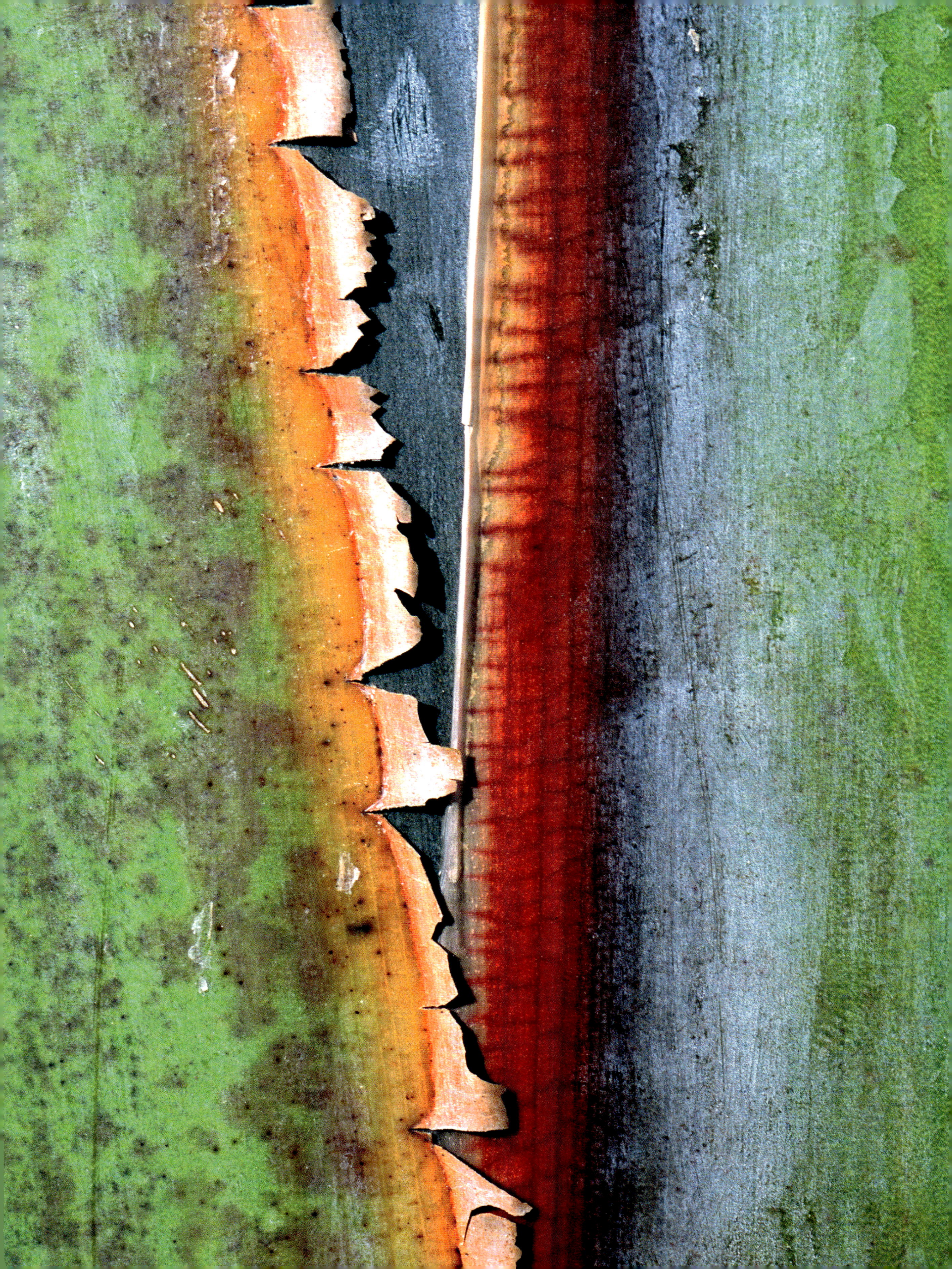

[ヤシ科 Arecaceae]
アフリカオウギヤシ
Borassus aethiopium

アフリカオウギヤシ（アフリカ扇椰子）は、アフリカの南北回帰線にはさまれたすべての地方にあり（とくにサハラ地方）、アフリカ人の日常生活に大事な役割をはたしている。樹液は椰子酒の原料となり、実と頂芽は食べられる。木材はシロアリに強く、繊維はゴザの材料になる、等々。アフリカオウギヤシの葉は近縁のビスマルクヤシ［次頁］の葉と同じく、乾燥への適応を示す美しい灰緑色をしている。観賞植物としての価値は十分にあるが、生長があまりにも遅いのでほとんど栽培されていない。

⇧ *Borassus aethiopium*
マウンツ植物園。ウェストパームビーチ。フロリダ（アメリカ合衆国）

⇧ *Borassus aethiopium*
マウンツ植物園。ウェストパームビーチ。フロリダ（アメリカ合衆国）

⇧ *Borassus madagascariensis*
フェアチャイルド熱帯植物園。コーラルゲイブルス。フロリダ（アメリカ合衆国）

[ヤシ科 Arecaceae]
ビスマルクヤシ
Bismarckia nobilis

マダガスカル中南部の乾燥地帯では、毎年くり返されるサバンナの火事のために、見わたすかぎり草また草の魅惑的な風景が保たれている。そのなかできわだって背の高いのがビスマルクヤシだ。ビスマルキア属はマダガスカル固有のいわゆる単型属（ただ1種からなる属）である。この木は発見されるとたちまち名をあげた。荘厳なたたずまい、白蠟色の薄膜に覆われたシルバーグリーンの葉、そして育てやすさのためである。「ノビリス（高貴な）」という種小名がついたのも当然だ。属名のほうは、この木が発見された当時のドイツ帝国宰相オットー・フォン・ビスマルクに敬意をあらわしたもの。

⇧ *Bismarckia nobilis* イサロ国立公園（マダガスカル）

［アオイ科 Malvaceae］
フニーバオバブ
Adansonia rubrostipa

バオバブの属名はアダンソニアという。この名はフランスの植物学者ミシェル・アダンソンに捧げられたものだ。彼はアフリカの植物相を研究し、1750年代、セネガルでこの伝説の木を発見した。マダガスカルには7、8種のバオバブがあり、そのうち6種はマダガスカルの固有種である。バオバブのなかにはとても大きいものもあるが（*A. grandidieri*）、逆に小さいことで知られる種もある。ここにあげたフニーがそれで、バオバブのなかでは最も小さい。フニーバオバブはマダガスカル島の西岸の、茨の藪や乾燥落葉樹林に生育する。この木を見分けるのはかんたんだ。瓶のような独特な形の幹、オーカー色のきめ細かな樹皮、そしてビロードのような感触の丸い実（カルシウムとビタミンCが豊富に含まれている）ですぐにわかる。樹皮は薬効があり、煎じて胃薬や催乳薬としてつかわれる。

⇧ *Adansonia digitata*
クルーガー国立公園（南アフリカ）

⇧ *Adansonia grandidieri*
モロンダヴァ（マダガスカル）

⇦
⇨ *Adansonia rubrostipa*
レニアラ自然保護区。マンギリー（マダガスカル）

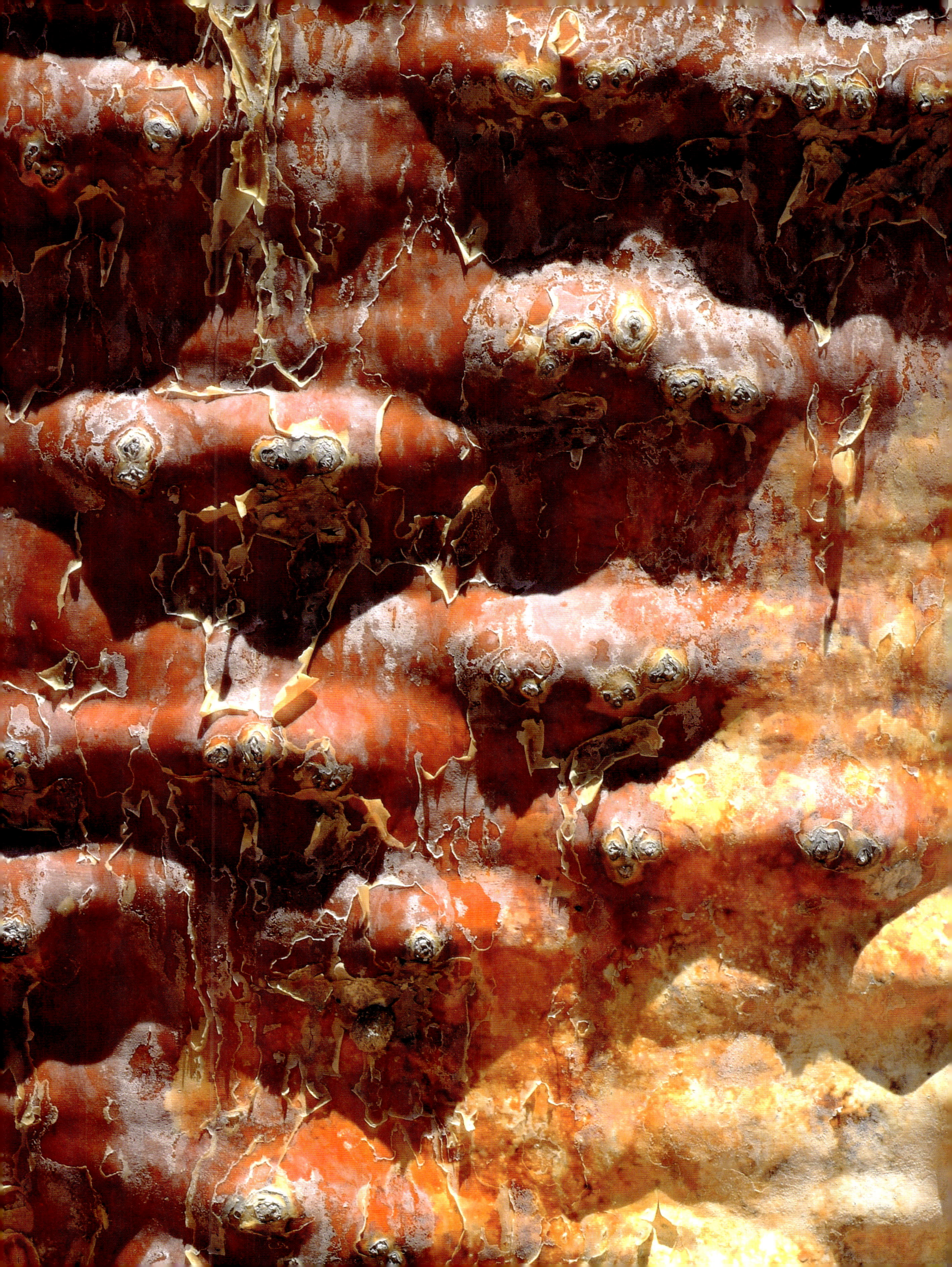

⇧ *Pachypodium geayi* 乾生林の中のすばらしい個体群。ツィマナンペツツァ国立公園（マダガスカル）

[キョウチクトウ科 Apocynaceae]

パキポディウムゲアイ (別アアソウカイ)

Pachypodium geayi

パキポディウム属は17種からなり、そのうち12種はマダガスカルの固有種だ。パキポディウムとは「太い（パキ）足（ポッド）」という意味で、いくつかの種にみられる瓶形のふくらんだ幹をさしている。ここにあげた白い花の咲く、幹がすっと伸びたパキポディウムゲアイは、マダガスカル南西の乾生落葉樹林のスターである。現地では「ヴォンタカ」とよばれるが、これは「サバンナの星」を意味している。樹高は10mほどになり、美しい枝が発達する。乾燥に完璧に適応した多肉植物で、棘と、うぶ毛の生えた細長い葉が水分の損失を制限し、スポンジ状の組織が水分を貯蔵し、白っぽい樹皮が太陽の光を反射する。この木はフランスの植物学者マルタン＝フランソワ・ジェ（Geay）によって、20世紀のはじめに発見された。

数十年にわたる幹の変化

⇧棘が落ち、幹に皺がよっていく。*Pachypodium geayi* アンツカイ樹木園。トリアラ（マダガスカル）

[トウダイグサ科 Euphorbiaceae]
ユーフォルビアプラジアンサ
Euphorbia plagiantha

ユーフォルビア属はおよそ2300もの種からなる、世界で最も多様な属のひとつである。同じ科のパラゴムの木と同様に、乳状の液（ラテックス）を含んでいるのが特徴だ。いくつかの草本種では、乳液に下剤としての作用やかさぶたを作るのを促す働きがある。この性質はヌミディア（古代ローマ帝国の属州）王ユバ2世の侍医、エウフォルボスによってはじめて利用された。しかし種によっては乳液がとても刺激が強く、危険なものもある。マダガスカルにはユーフォルビア属の植物がたくさんある。ここにあげた美しいプラジアンサは島の南東部の固有種で、現地では「フィハ」とよばれる（マダガスカル語で「魚」の意）。この木は丸まった頭頂部がサンゴ礁を思わせ、樹皮は金色の薄紙のようにはがれ落ちる。プラジアンタとはギリシア語で「斜めの（プラギ）花（アンタ）」という意味で、花が柄に対していくらか斜めにつくことをさしている。

⇧ *Euphorbia pervilleana*
レニアラ自然保護区。マンギリー（マダガスカル）

⇧ *Euphorbia cooperi*
リヨン市植物園（フランス）

⇦⇨ *Euphorbia plagiantha*
茨の藪に生えている。
ツィマナンペツツァ国立公園（マダガスカル）

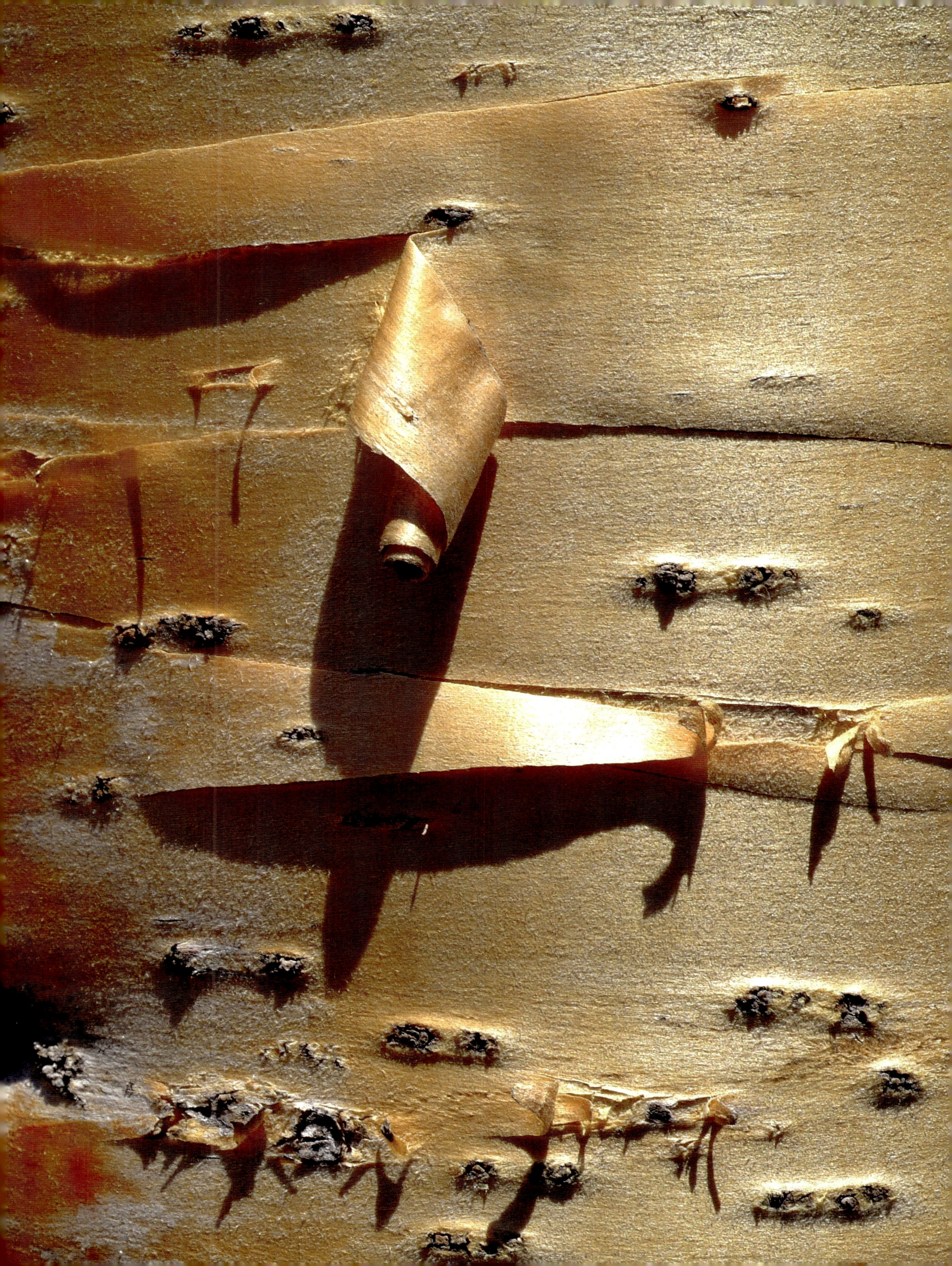

［カンラン科 Burseraceae］
モツヤクジュ（仏紙状樹皮のコルクの木）
Commiphora marlothii

モツヤクジュ（没薬樹、英名コルクウッド）とはコンミフォラ属の木のことである。これらは乳香樹（ボスウェリア属）と同じ科に属し、香りのよい樹脂を産する。最も有名なのはミルラ（*Commiphora myrrha*）だ。コルクウッドという英名は、木がしなやかで軽く、ときにカヌーの浮き材としてつかわれることをさしている。ここにあげた種、マルロティイは紙に似た大きな樹皮片が特徴的だ。マルロティイという種小名は植物学者で薬剤師の南アフリカ人、H.W.R.マルロートに捧げられている。この木はアフリカ南東の岩の多い乾燥した地帯に生育する。コンミフォラ属の多くの木と同じく厳しい環境に適応し、乾季には葉を落として蒸散のために水分が失われないようにする。このとき、葉緑素を豊富にふくむ緑色の樹皮が新しくあらわれ、そこで光合成がおこなわれる。根は多肉質で、一回嚙めばのどの渇きがいやされる。果実は食べられ、ジャムに加工されることもある。

⇨ *Commiphora marlothii*
⇦ ソウトパンスバーグ山地の険しい崖に立っている。
リンポポ（南アフリカ）

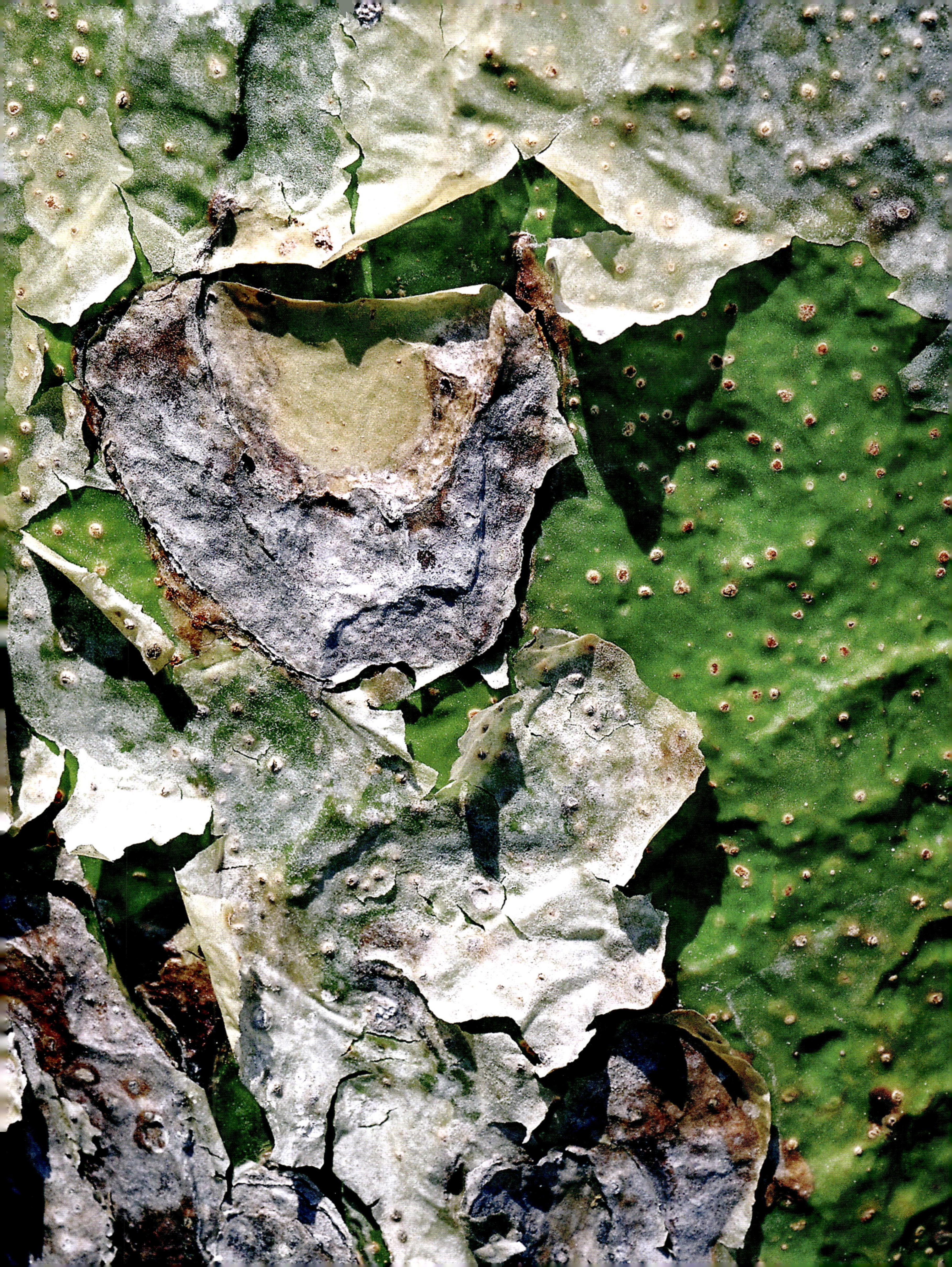

[カンラン科 Burseraceae]
モツヤクジュ（コンミフォラ）

コンミフォラ属（没薬樹）はごく近縁のボスウェリア属（乳香樹）と同じくカンラン科［橄欖科］に属し、同科を代表する主要な属である（約170種）。紙のように薄いあざやかな色の樹皮をもち、アフリカ、マダガスカル、アラビア半島、インド亜大陸に分布している。コンミフォラとはギリシア語で「樹脂をもつ」という意味で、なかでも最も有名なミルラは、薬や香料として、あるいは宗教的な目的でつかわれる。

❶ *Commiphora guillaumini*
　キリンディの森（マダガスカル）
❷ *Commiphora arafy*
　キリンディの森（マダガスカル）
❸ *Commiphora aprevali*
　レニアラ自然保護区。マンギリー
　（マダガスカル）
❹ *Commiphora pyracanthoides*
　リンポポ（南アフリカ）
❺ *Commiphora marlothii*
　リンポポ（南アフリカ）
❻ *Commiphora mollis*
　リンポポ（南アフリカ）
❼ *Commiphora ornifolia*
　ソコトラ（イエメン）
❽ *Commiphora monstruosa*
　ツィマナンペツァ国立公園
　（マダガスカル）
❾ *Commiphora* sp.
　サナア（イエメン）

5

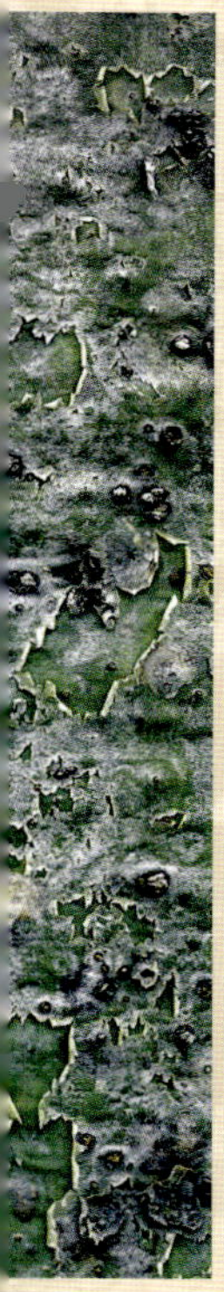

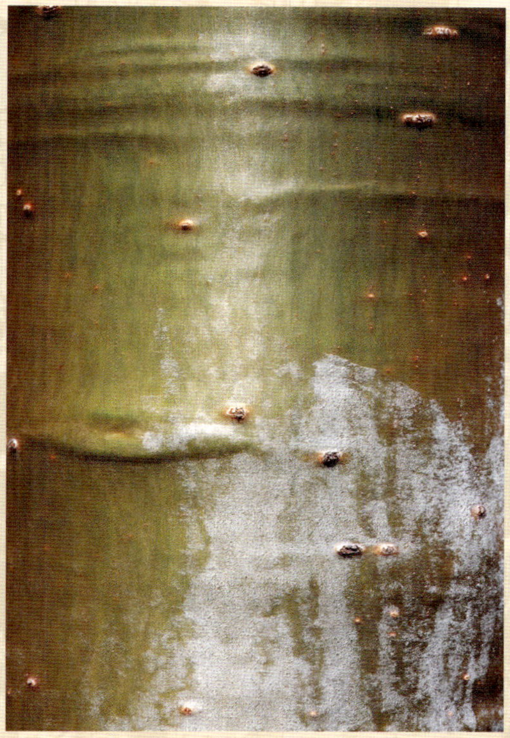

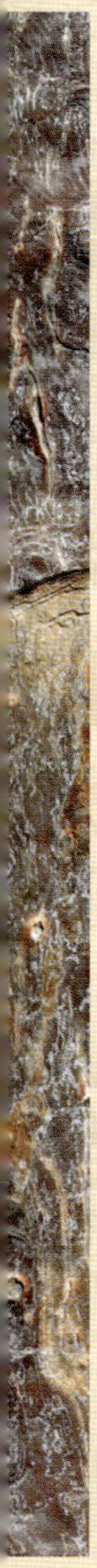

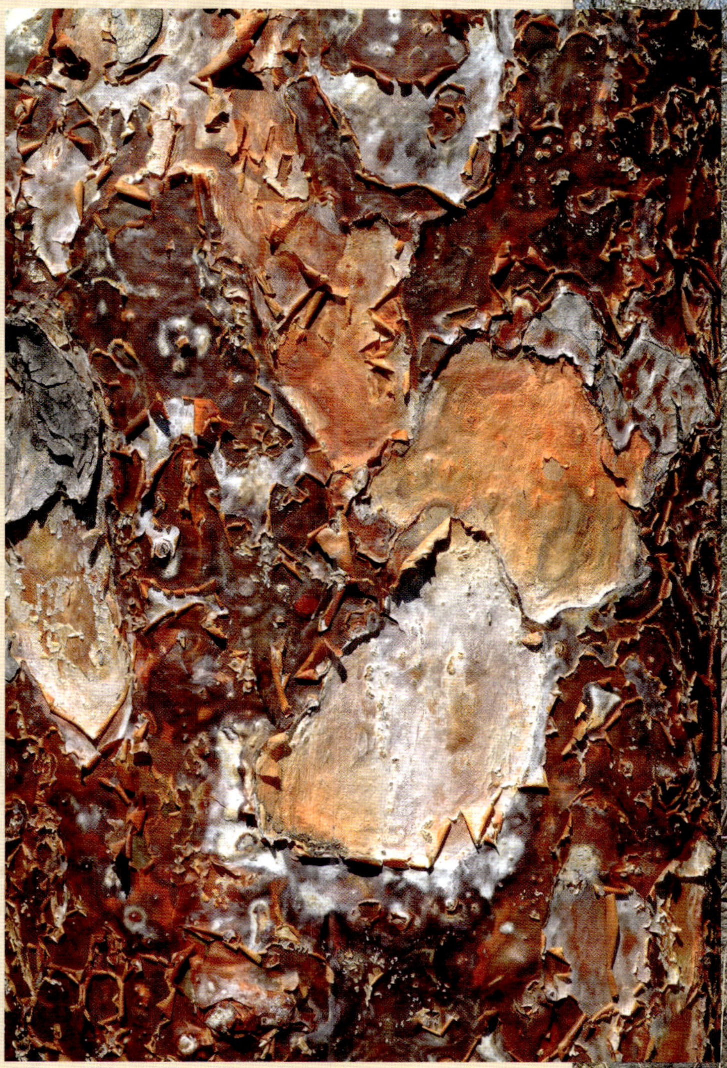

8

9

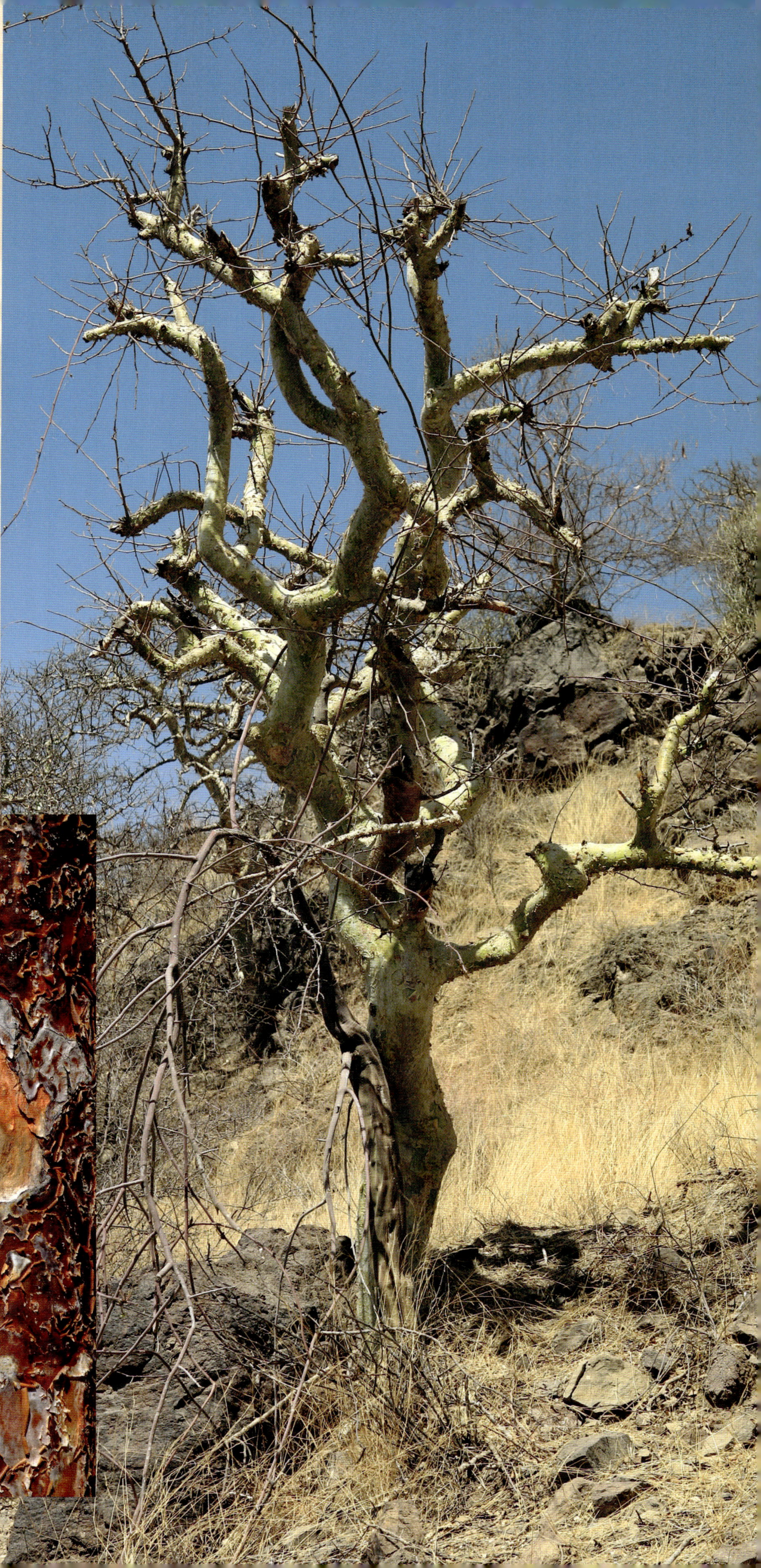

［ツルボラン科 Asphodelaceae］
クィヴァツリー（仏矢筒の木　和タカロカイ）
Aloe dichotoma

クィヴァツリーは高木性アロエで、アフリカ南西（ナミビアと南アフリカ）の岩の多い乾燥地帯に生えている。このような乾ききった土地では、植物の栄養器官（根、茎、葉）が貯水槽の役割をはたす。この木のずんぐりした幹は金箔のような薄い膜におおわれ、そこから出た枝は二つずつに枝分かれして［種小名の「ディコトマ」とは「二つに分かれた」という意味］、先端にロゼットとよばれる放射状に伸びた葉の集合をつける。冬には（6月～7月）黄色い花が咲き、大量の花蜜を鳥やヒヒや昆虫に提供する。ブッシュマンは若い枝の中身をぬいて矢のケースにしていた。クィヴァツリー（矢筒の木）という名前はこれに由来する。死んだ木の太い幹も同じように中身を空にして、天然の冷蔵庫としてつかわれていた。幹のコルク質が良い断熱材となるのだ。

⇧ *Aloe dichotoma*
エキゾチック庭園（モナコ）

⇧ *Aloe pillansii*
カルー砂漠国立植物園。
ウォーセスター（南アフリカ）

⇨
⇦ *Aloe dichotoma*
カルー砂漠国立植物園。ウォーセスター（南アフリカ）

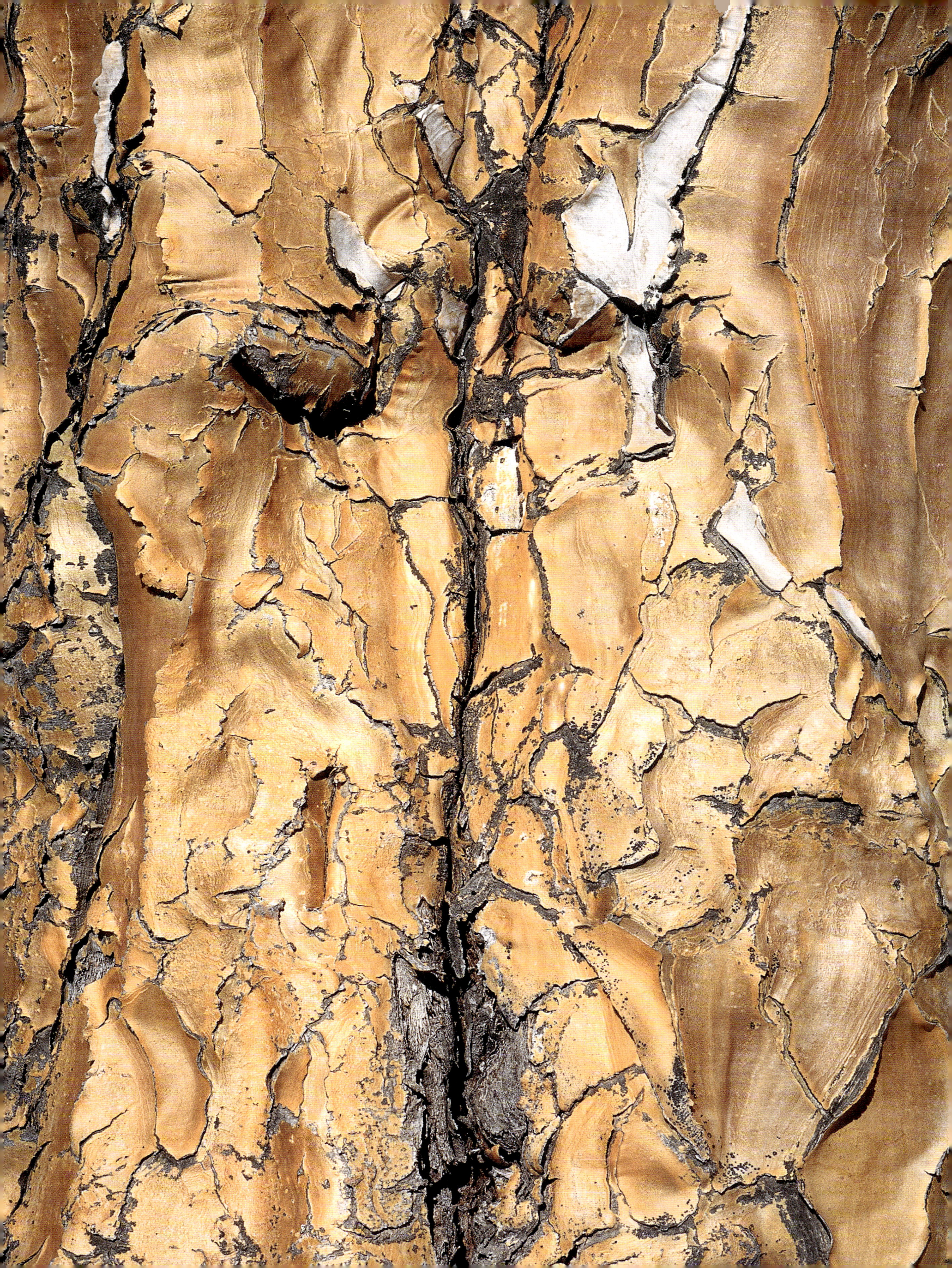

［ブドウ科 Vitaceae］
ナミビアングレープ（仏ナミビアの葡萄の木）
Cyphostemma juttae

アフリカとマダガスカルには約300種のキフォステンマ属がある。そのなかのひとつ、ナミビアングレープはナミビアの乾燥地帯の典型的な多肉植物だ。冬の乾いた時期には葉が落ち、膨らんだ幹からは樹皮がはがれ落ちる。光合成をおこなう緑色の若い樹皮は、夏になると白くなって太陽の光を反射しやすくなる。葡萄の木と同じ科で、赤い液果をたくさんつけるが食べられない。キフォステンマ属は長いことキッスス属（*Cissus*）に分類されていたが、花冠がつぼみのとき、先端がでこぼこの砂時計の形をしていることから一つの属にまとめられた。キフォステンマという属名は、「こぶ」を意味するキフォスと「冠」を意味するステンマをあわせたものだ。種小名のユッタエは、1911年にはじめてこの植物を記述したドイツの植物学者の妻の名前（ユッタ・ディンター）からとられている。

⇧ *Cyphostemma currorii*
エタブリスマン・クウェンツ。フレジュ（フランス）

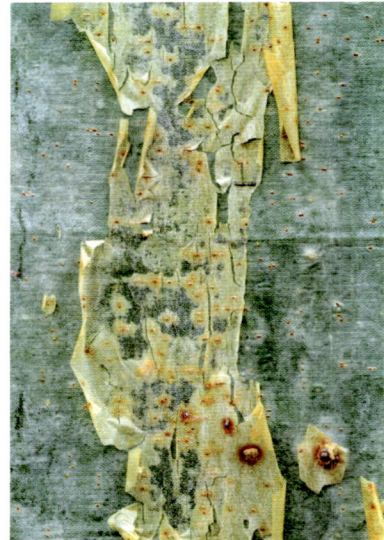

⇧ *Cyphostemma macrocarpum*
キリンディーの森。メナベ（マダガスカル）

⇦ *Cyphostemma juttae*
エタブリスマン・クウェンツ。フレジュ（フランス）

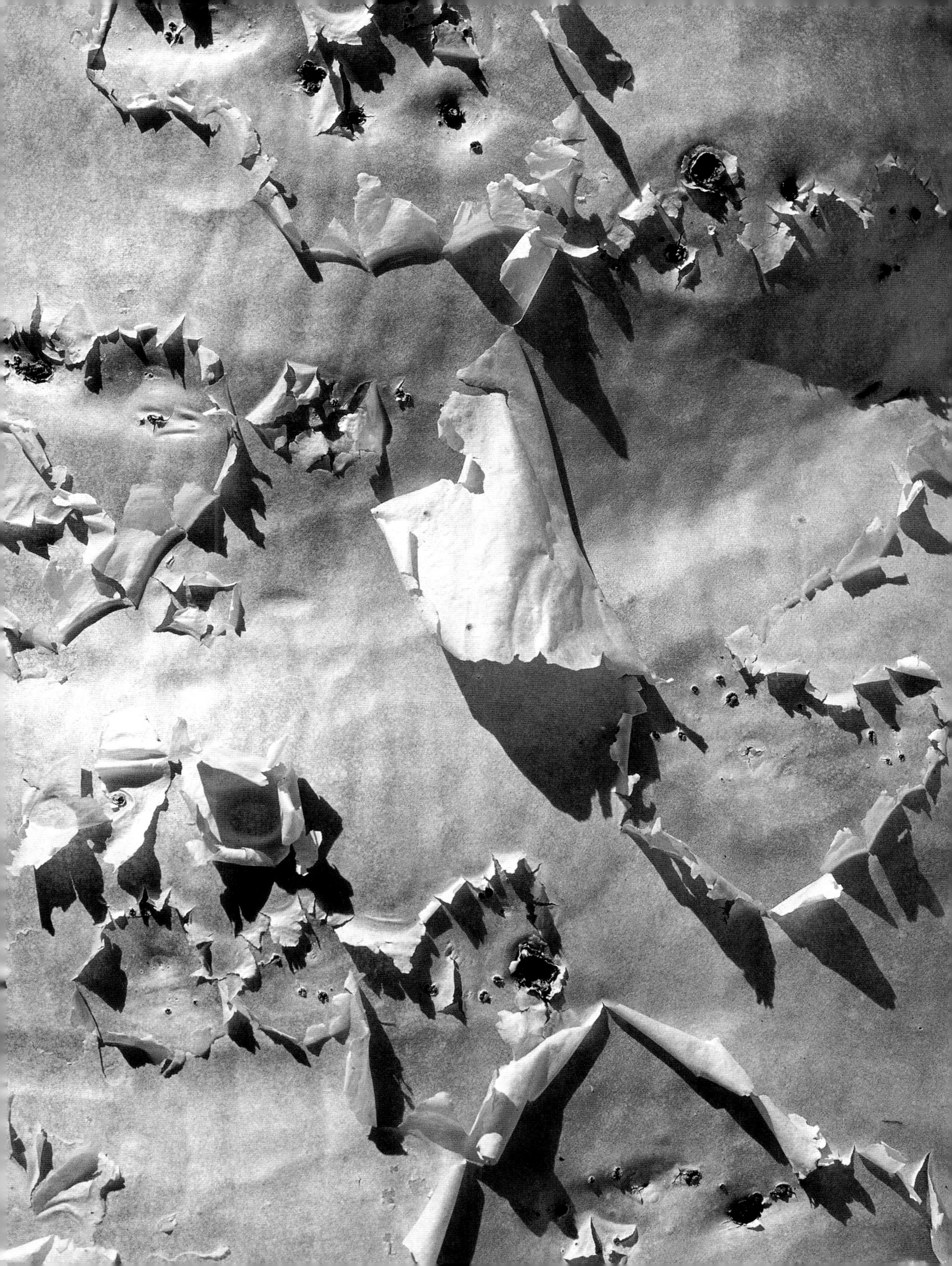

[ヤシ科 Arecaceae]
カナリーヤシ（仏カナリア諸島のナツメヤシ）
Phoenix canariensis

本来のナツメヤシ（*P. Dactylifera*）は甘い果実（デーツ）のために世界中で栽培されているが、カナリア諸島のナツメヤシの果実は食べられない。だがそのわりには地中海地方の国々でよく栽培されている。生長が速く、丈夫で育てやすいため、観賞用植物として人気が高いのだ。その頭部は100枚ほどの葉があつまって大きな球形になる。葉柄を切り落とすと、切り口のひし形がつくるきれいな網目模様があらわれる。カナリーヤシはカナリア諸島に自生していたが、1864年にヴィジエ子爵によってニースに持ち込まれた。それ以来、アメリカの同類のワシントンヤシとともに、コートダジュールの景色になくてはならないものになっている。属名はギリシア語のフェニックスからきており、ギリシアにはじめてナツメヤシをもたらしたフェニキア人にちなんでいる。

⇧ *Phoenix roebellini*
サンジャン・キャップ・フェラ（フランス）

⇧ *Phoenix theophrastii*
キュー植物園。リッチモンド（イギリス）

⇨ *Phoenix canariensis* キャネ・アン・ルシヨン（フランス）

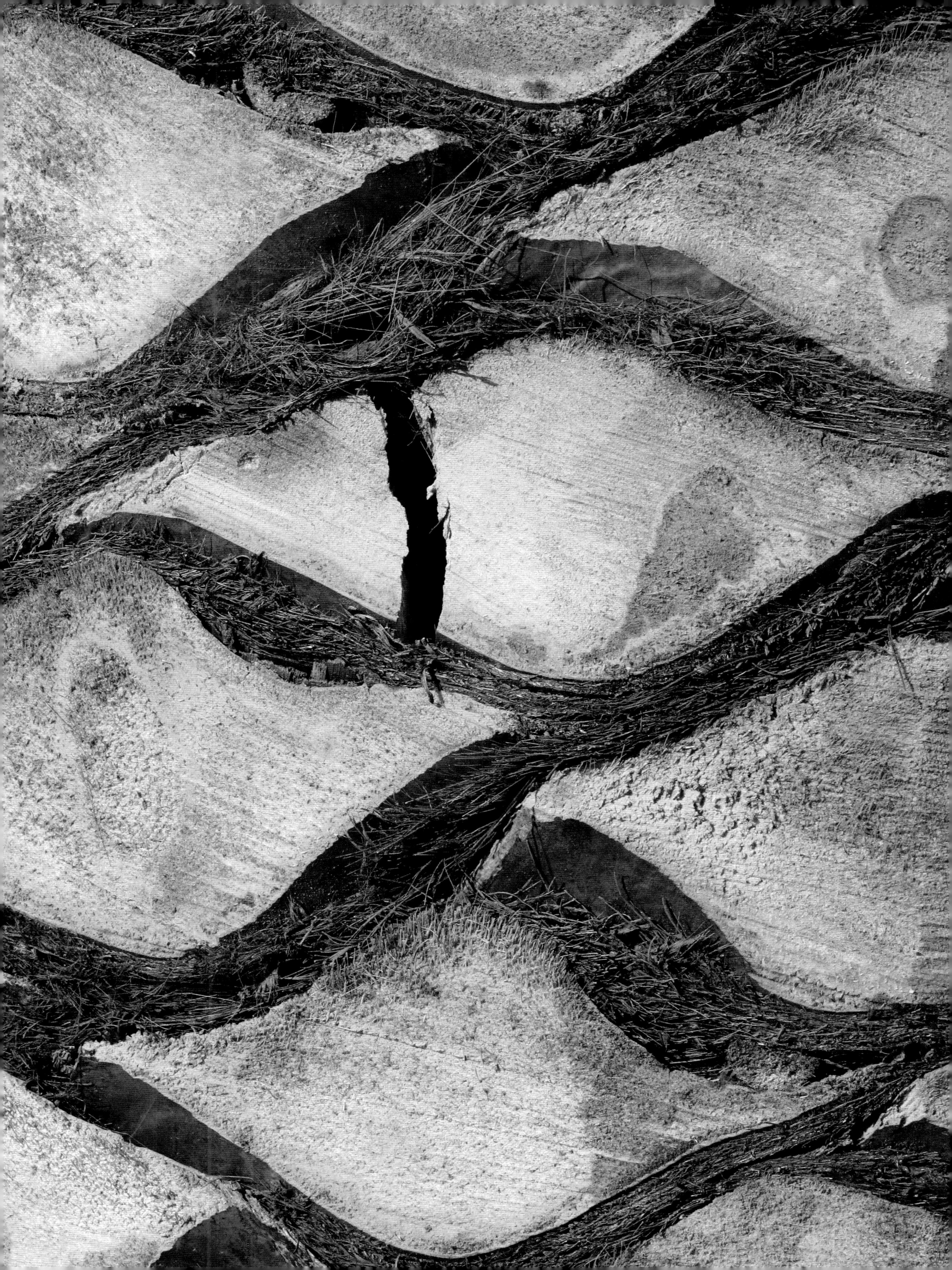

学名索引

A

Acacia cyperophylla var. *cyperophylla*	70
Acacia karoo	70
Acacia origena	70
Acacia sphaerocephala	70, 71
Acacia xanthophloea	70
Acer capillipes	156
Acer davidii	154, 155, 156
Acer griseum	152, 153, 157
Acer miyabei	157
Acer morifolium	157
Acer pensylvanicum 'Erythrocladum'	157
Acer rubescens	157
Acer rufinerve 'Albolimbatum'	156
Acer triflorum	157
Acer x *conspicuum* 'Phoenix'	156
Acer x *conspicuum* 'Silver Cardinal'	156
Adansonia digitata	160, 161, 174
Adansonia grandidieri	174
Adansonia rubrostipa	174, 175
Adenium socotranum	5, 167
Agathis australis	92, 93
Agathis borneensis	94
Agathis lanceolata	94
Agathis ovata	94
Agathis robusta	94
Aloe dichotoma	184, 185
Aloe pillansii	184
Angophora costata	107
Araucaria angustifolia	95
Araucaria araucana	6, 95
Araucaria cunninghamii	118, 119
Araucaria heterophylla	94
Araucaria hunsteinii	94
Arbutus andrachne	30, 31, 32, 33
Arbutus canariensis	32
Arbutus menziesii	50, 51
Arbutus unedo	32
Arbutus x *andrachnoides*	32
Arbutus x *thuretiana*	6, 7, 32, 33
Arctostaphylos obispoensis	54, 55
Artocarpus heterophyllus	75
Averrhoa bilimbi	75

B

Bambusa vulgaris 'Vitatta'	134
Betula 'Dick Banks'	143
Betula 'Hergest'	142
Betula albosinensis	138, 139, 143
Betula alleghaniensis	36
Betula costata	143
Betula davurica	143
Betula delavayi	142
Betula forrestii	142
Betula grossa	143
Betula nigra	36
Betula papyrifera var. *commutata*	36
Betula papyrifera	36, 37, 143
Betula pendula	12, 13
Betula sp.	143
Betula utilis var. *jacquemontii*	140, 141
Betula utilis var. *prattii*	140, 142
Betula utilis var. *utilis*	140
Betula utilis	140, 142
Bismarckia nobilis	173
Borassus aethiopium	172
Borassus madagascariensis	172
Boswellia ameero	164
Boswellia elongata	164, 165
Boswellia socotrana	164
Brachychiton discolor	116
Brachychiton rupestris	116, 117
Bursera microphylla	42
Bursera simaruba	42, 43
Butia capitata	49

C

Carica papaya	73
Carpoxylon macrospermum	48
Castanea sativa	20, 21
Ceiba aesculifolia	78
Ceiba insignis	78
Ceiba pentandra	78, 79
Ceratonia siliqua	75
Cercis siliquastrum	74
Cinnamomum verum	130
Clinostigma harlandii	48
Coccothrinax miraguama	48
Commiphora aprevali	182
Commiphora arafy	182
Commiphora guillaumini	182
Commiphora marlothii	180, 181, 183
Commiphora mollis	182
Commiphora monstruosa	183
Commiphora ornifolia	182
Commiphora pyracanthoides	182
Commiphora sp.	183
Corymbia citriodora	112, 113
Corymbia maculata	110, 111
Crescentia cujete	75
Cupressus glabra	56, 57
Cyathea cooperi	90
Cyathea intermedia	90
Cyathea medullaris	90, 91
Cyphostemma currorii	186
Cyphostemma juttae	186, 187
Cyphostemma macrocarpum	186
Cyrtostachys renda	126, 127

D

Dendrocalamus asper	134
Dendrocalamus giganteus	134
Diospyros cauliflora	75
Dracaena cinnabari	162, 163, 191
Dypsis decaryi	49

E

Ensete ventricosum	168, 169
Eucalyptus camaldulensis	102, 103
Eucalyptus coccifera	98, 99, 108
Eucalyptus deglupta	2, 108, 122, 123
Eucalyptus delegatensis	109
Eucalyptus dorrigoensis	106
Eucalyptus globulus	109
Eucalyptus mannifera	108
Eucalyptus moluccana	109
Eucalyptus regnans	88, 89
Eucalyptus rossii	108
Eucalyptus rubiginosa	109
Eucalyptus sclerophylla	104, 105
Eucalyptus sideroxylon	109
Eucalyptus spathulata	100, 101, 109
Eucalyptus tesselaris	109
Eucalyptus torelliana	108
Euphorbia cooperi	178
Euphorbia pervilleana	178
Euphorbia plagiantha	178, 179

F

Ficus aurea	40, 41
Ficus benjamina	128, 129
Ficus heteropoda	75
Ficus racemosa	74
Ficus sp.	128
Ficus tettensis	128
Fouquieria splendens	64, 65

G

Gigantochloa atroviolacea	134
Gleditsia caspica	159
Gleditsia triacanthos	159
Guaiacum officinale	80, 81

H

Hevea brasiliensis	82, 83
Hyophorbe verschaffeltii	49

J

Jubaea chilensis	49

L

Lagerstroemia 'Natchez'	150, 151
Lagerstroemia duperreana	151
Lagerstroemia speciosa	151
Livistona drudei	49

M

Melaleuca quinquenervia	114, 115
Metroxylon sagu	49, 124, 125
Musa acuminata	131
Musa basjoo	131
Musa ornata	131
Myrtus luma	86, 87

N

Nolina longifolia	68, 69

O

Olea europaea	22, 23

P

Pachypodium geayi	176, 177
Parkinsonia florida	62, 63
Parmentiera cerifera	74
Parrotia persica	158
Phoenix canariensis	188, 189
Phoenix roebellini	188
Phoenix theophrastii	188
Phyllarthron sp.	74
Phyllostachys bambusoides 'Castillonis Inversa'	134
Phyllostachys pubescens 'Bicolor'	134
Phyllostachys pubescens 'Heterocycla'	135
Phyllostachys pubescens	120, 121, 132, 133
Phyllostachys viridis 'Sulfurea'	135
Pinus bungeana	61, 146, 147
Pinus contorta	61
Pinus densiflora	61
Pinus halepensis	61
Pinus jeffreyi	61
Pinus laricio	60
Pinus longaeva	58, 59
Pinus pinaster	24, 25, 60
Pinus pinea	26, 27, 60
Pinus ponderosa	60
Pinus strobus	60
Pinus sylvestris	61
Pinus wallichiana	61
Platanus x *acerifolia*	10, 11, 14, 15
Polylepis australis	84, 85
Populus alba	18, 19
Prunus maackii	136
Prunus rufa	136
Prunus serrula	136, 137
Pseudobombax ellipticum	76, 77
Psidium guajava	72
Psidium guineense	72

Q

Quercus suber	28, 29

R

Ravenala madagascariensis	170, 171
Roystonea regia	46, 47, 48

S

Sabal mauritiiformis	45
Sabal palmetto	44, 45
Saraca palembanica	74
Sequoia sempervirens	52, 53
Sequoiadendron giganteum	34, 35
Sterculia africana var. *socotrana*	166
Sterculia rogersii	166
Stewartia monadelpha	148
Stewartia pseudocamellia	148, 149
Stewartia sinensis	148

T

Taxodium distichum	38, 39
Taxus baccata	16, 17
Theobroma cacao	75
Trithrinax campestris	48

U

Ulmus parvifolia	144

W

Washingtonia filifera	67
Washingtonia robusta	49, 66, 67
Wollemia nobilis	95

X

Xanthorrhoea australis	96, 97

Z

Zelkova serrata	144
Zelkova sinica	144, 145

和名索引

ア行

アカハダメグスリノキ	152, 153
アビシニアンバナナ	168, 169
アフリカオウギヤシ	172
アリアカシア	70, 71
イチゴノキ	32, 33
ウスカワアリゾナイトスギ	56, 57
オコティージョ	64, 65
オリーブ	22, 23

カ行

カイガンマツ	24, 25
カウリ	92, 93
カエデ	156, 157
カサマツ	26, 27
カスピカイサイカチ	159
カナリーヤシ	188, 189
カバノキ	142, 143
カポックノキ	78, 79
カメレレ	122, 123
ガンボリンボ	42, 43
キューバダイオウヤシ	46, 47
グァバ	72
クィーンズランドボトルツリー	116, 117
クィヴァツリー	184, 185
グラスツリー	96, 97
クリ	20, 21
グレシアンストロベリーツリー	30, 31
コルクガシ	28, 29

サ行

サゴヤシ	124, 125
サルスベリ'ナッチェス'	150, 151
シェービングブラシツリー	76, 77
シドニーレッドガム	107
シナカエデ	154, 155
シメゴロシイチジク	40, 41
ジャイアントセコイア	34, 35
ショウジョウヤシ	126, 127
ショウヨウケヤキ	144, 145
シラカバ	36, 37
シロマツ	146, 147
スクリブリーガム	104, 105
スポッティドガム	110, 111
セイタカユーカリ	88, 89
セイロンニッケイ	130
センペルセコイア	52, 53
ソコトラスターチェスナット	166

タ行

タケ	134, 135
タスマニアシロユーカリ	98, 99
タバキージョ	84, 85
タビトノキ	170, 171
チベットサクラ	136, 137
チャイニーズレッドバーチ	138, 139
デザートローズ	167
ドリーゴユーカリ	106

ナ行

ナツツバキ	148, 149
ナミビアングレープ	186, 187
ナンヨウスギ	94, 95
ニアウリ	114, 115
ニュウコウジュ	164, 165
ヌマスギ	38, 39
ノリナ	68, 69

ハ行

バオバブノキ	160, 161
パキポディウムグアイ	176, 177
バショウ	131
パパイア	73
パラゴムノキ	82, 83
パルメットヤシ	44, 45
ビスマルクヤシ	173
ヒマラヤシラカバ	140, 141
フープパイン	118, 119
フニーバオバブ	174, 175
プラタナス	10, 11, 14, 15
ブラックツリーファーン	90, 91
ブリスルコーンパイン	58, 59
ブルーパロベルデ	62, 63
ヘラユーカリ	100, 101
ペルシアンパロティア	158
ベンジャミン	128, 129
ポプラ	18, 19

マ行

マートル	86, 87
マツ	60, 61
マドローナ	50, 51
マンザニータ	54, 55
モウソウチク	120, 121, 132, 133
モツヤクジュ	180, 181
モツヤクジュ（コンミフォラ属）	182, 183

ヤ行

ヤシ	48, 49
ユーカリ	108, 109
ユーフォルビアプラジアンサ	178, 179
ユソウボク	80, 81
ヨーロッパイチイ	16, 17
ヨーロッパシラカバ	12, 13

ラ・ワ行

リバーレッドガム	102, 103
リュウケツジュ	162, 163
レモンユーカリ	112, 113
ワシントンヤシモドキ	66, 67

⇩ *Dracaena cinnabari* リュウケツジュ。ソコトラ（イエメン）

著　者　セドリック・ポレ（Cédric Pollet）
ナチュラリストの写真家、造園技師。リーディング大学園芸景観学科卒。無類の美しさをもつ樹皮に魅了され、25ヵ国以上をまわって、写真撮影と取材をおこなってきた。現在は写真家、文筆家、展覧会の企画、写真教室主宰で生計を立てている。専門知識のある植物愛好家として、自分で撮った美しい写真にきわめて情報的価値の高い文章を添えている。

監修者　國府方吾郎（こくぶがた　ごろう）
国立科学博物館植物研究部多様性解析・保全グループ/筑波実験植物園研究主幹。琉球大学理学部生物学科卒業、広島大学大学院理学研究科修了博士課程修了。博士（理学）。琉球列島をフィールドの中心として維管束植物の系統分類を研究している。1968年東京都生まれ。主な著書に『日本の固有植物』（東海大学出版・共著、2012）などがある。

翻訳者　南條郁子（なんじょう　いくこ）
翻訳者。お茶の水女子大学理学部数学科卒業。訳書に『化石の博物誌』『象の物語』『数の歴史』『宇宙の起源』『ダーウィン』『巨石文化の謎』（いずれも「知の再発見」双書、創元社）、『アルファベットの事典』（創元社）、『教えて!! Mr.アインシュタイン』（紀伊國屋書店）『数学は最善世界の夢を見るか』（みすず書房）、『ふたりの微積分』（岩波書店）などがある。

ÉCORCES: Voyage dans l'intimité des arbres du monde
by Cédric Pollet

Originally published in 2008 by Les Editions Eugen Ulmer,
8 rue Blanche, 75009 Paris, France
www.editions-ulmer.fr
Editor: Antoine Isambert
Art direction and design: Guillaume Duprat

Text and photography copyright © Cédric Pollet, www.cedric-pollet.com
except:
- photography p. 98 (*Eucalyptus coccifera*) © Patrick Murray
- photography p. 70 (*Acacia cyperophylla var. cyperophylla*) © Bruce Maslin
Design and lay-out copyright © Les Editions Eugen Ulmer, 2008

Japanese translation rights arranged
with Les Editions Eugen Ulmer, Paris
through Tuttle-Mori Agency, Inc., Tokyo

写真撮影は下の2枚以外はすべてセドリック・ポレによる。
http://www.cedric-pollet.com/
p.98　タスマニアシロユーカリ：撮影パトリック・マレイ
p.70　アリアカシア：撮影ブルース・マスリン

謝辞　樹皮の写真ばかり撮りつづけ、挙げ句の果てにそれを職業にしてしまったぼくの危なっかしい冒険を、はじめから応援してくれ、支えてくれた家族と親友たちに心から感謝します。それからこの10年、遠くから、また近くからこの写真集作りに参加してくれた人々にも感謝します。本当にたくさんの人から力をもらいました。ぼくの夢がこうして実現できたのも、みなさんの惜しみない助力とやる気と知識、あるいは単に植物に対する共通の情熱のおかげです。どうもありがとう。

世界で一番美しい樹皮図鑑
（せかいでいちばんうつくしいじゅひずかん）

2013年11月20日　第1版第1刷発行

著　者　セドリック・ポレ
監修者　國府方吾郎
訳　者　南條郁子
発行者　矢部敬一
発行所　株式会社　創元社
　　　　〈本　　社〉〒541-0047 大阪市中央区淡路町4-3-6
　　　　　　　　　Tel.06-6231-9010　Fax.06-6233-3111
　　　　〈東京支店〉〒162-0825 東京都新宿区神楽坂4-3 煉瓦塔ビル
　　　　　　　　　Tel.03-3269-1051
　　　　http://www.sogensha.co.jp/
印刷・製本　図書印刷株式会社
装　丁　濱崎実幸

© 2013, Printed in Japan　ISBN978-4-422-43010-2
落丁・乱丁のときはお取り替えいたします。

JCOPY　〈(社)出版者著作権管理機構　委託出版物〉
本書の無断複写は著作権法上での例外を除き禁じられています。複写される場合は、そのつど事前に、(社)出版者著作権管理機構（電話03-3513-6969、FAX03-3513-6979、e-mail: info@jcopy.or.jp）の許諾を得てください。